U0161421

碳捕集系统与燃煤机组耦合技术

中电华创电力技术研究有限公司　组　编

王金星　俞卫新　主　编

申伟伟　胡　磊　周建中
陈江涛　李　强　薛俊杰　副主编

中国电力出版社
CHINA ELECTRIC POWER PRESS

内 容 提 要

2022 年 10 月 14 日，国家自然科学基金委员会发布《支撑国家双碳战略的政策建模与策略研究项目指南》，提出要运用复杂系统建模方法，研究电力市场与碳市场协同优化机制。本书以"碳捕集系统与燃煤机组耦合技术"为题，从碳捕集技术的基本原理出发，分别从燃烧前捕集、燃烧中捕集和燃烧后捕集三个方面展开介绍与评述，并介绍了未来碳捕集的潜在应用，再到以燃烧后捕集特性的角度出发，对 CCUS 技术、钙基吸收剂循环吸收 CO_2 技术和醇胺吸收 CO_2 技术的特性进行介绍，之后再到燃煤调峰机组灵活运行特性评估以及碳交易市场化等内容，系统评述了机组掺烧泥污的运行特性、耦合生物质燃煤的碳排放和经济性，以及储能等辅助设备对碳捕集技术应用的影响，期望对燃煤调峰机组低碳化发展提供参考。

本书适合从事碳捕集及燃煤调峰机组的相关技术人员，相关专业课题的高校教师、学生，以及从事燃煤机组改造的设计院和电科院等专业工程师学习阅读使用。

图书在版编目（CIP）数据

碳捕集系统与燃煤机组耦合技术/中电华创电力技术研究有限公司组编；王金星，俞卫新主编 . —北京：中国电力出版社，2023.7

ISBN 978-7-5198-7934-1

Ⅰ.①碳… Ⅱ.①中…②王…③俞… Ⅲ.①二氧化碳-收集-关系-燃煤机组-耦合-研究 Ⅳ.①TM621.2

中国国家版本馆 CIP 数据核字（2023）第 112069 号

出版发行：中国电力出版社
地 址：北京市东城区北京站西街 19 号（邮政编码 100005）
网 址：http://www.cepp.sgcc.com.cn
责任编辑：孙 芳
责任校对：黄 蓓 常燕昆
装帧设计：王英磊
责任印制：吴 迪

印 刷：固安县铭成印刷有限公司
版 次：2023 年 7 月第一版
印 次：2023 年 7 月北京第一次印刷
开 本：787 毫米×1092 毫米 16 开本
印 张：9.25
字 数：203 千字
印 数：0001—1000 册
定 价：89.00 元

编 委 会

前　言

　　2022 年 10 月 14 日，国家自然科学基金委员会发布《支撑国家双碳战略的政策建模与策略研究项目指南》，提出要运用复杂系统建模方法研究电力市场与碳市场协同优化机制。本书以"碳捕集系统与燃煤机组耦合技术"为题，从碳捕集技术的基本原理出发，分别从燃烧前捕集、燃烧中捕集和燃烧后捕集三个方面展开介绍与评述，并介绍了未来碳捕集的潜在应用，再到以燃烧后捕集特性的角度出发，对 CCUS 技术、钙基吸收剂循环吸收 CO_2 技术和醇胺吸收 CO_2 技术的特性进行介绍，之后再到燃煤调峰机组灵活运行特性评估以及碳交易市场化等内容，系统评述了机组掺烧泥污的运行特性、耦合生物质燃煤的碳排放和经济性，以及储能等辅助设备对碳捕集技术应用的影响，期望对燃煤调峰机组低碳化发展提供参考。

　　本书由王金星博士统筹设计和组织编著，在中电华创电力技术研究有限公司各位领导的大力指导和协调下，以本单位相关项目为依托，同时汇编了合作编著方的研究成果，对燃煤调峰机组耦合碳捕集技术进行了详尽地对比编排。重点邀请到了郑州电力高等专科学校陈江涛老师、南京理工大学李强老师、华北电力大学薛俊杰老师，以及国网浙江省电力有限公司电力科学研究院童家麟高工等参与部分章节的内容指导。另外，邀请到了河北师范大学刘敏、邹璐垚、朱旻茜、聂超峰、张文杰等同学，燕山大学郭宬昊和谢子硕两位同学，以及华北电力大学吴若愚等同学参与辅助调研与后续的编排工作，同时中电华创电力技术研究有限公司郭磊等数位专业技术人员及其他单位专家也参与了协作编排。

　　第一章，从能源政策方面入手，重点介绍了能源系统中弃风弃光问题所引出的燃煤机组调峰，之后分别介绍了碳捕集技术与碳交易市场化的应用潜力；第二、三章，分别介绍了碳捕集的分类方式以及燃烧后捕集特性；第四、五章，分别从不同角度对燃煤调峰机组以及燃煤供热机组的灵活运行特性进行评估；第六章，介绍了燃煤机组掺烧污泥的运行特性及优化研究；第七、八章，从耦合生物质以及结合储能技术的角度出发，分别对耦合生物质燃煤机组的碳排放和经济性，以及储能技术在耦合碳捕集燃煤机组的应用进行了介绍；第九、十章，介绍了碳监测和碳计量的方法，并对不同方法进行了对比，在此基础上分析了碳交易在燃煤调峰系统中的应用；第十一章，对全文进行了总结与技术展望，对未来的技术探索作出推测。

燃煤机组耦合碳捕集技术，属于新兴技术领域，覆盖面广泛，是一项系统性工程，涉及的一些关键技术仍在研发攻关阶段，产业模式还有待进一步明晰，因此书中难免存在不当之处，敬请读者见谅，并给予宝贵意见。

编者
2023 年 6 月

目 录

第一章

概　　述

　　为应对全球气候变暖以及极端气候频发等生态环境问题，中国作为负责任的大国已创造性地提出了生态文明发展道路，即在经济和社会发展领域须向低碳经济转型[1]。2020 年 9 月，中国明确提出"双碳"目标，明确作出"二氧化碳排放力争于 2030 年前达到峰值，努力争取 2060 年前实现碳中和"的承诺[2]，向世界展现了中国降碳的决心；2020 年 10 月，党的十九届五中全会首次将该目标纳入"十四五"规划建议[3]。图 1-1 呈现了中国近些年的能源政策动态，其中 2020 年 11 月颁布了《中共中央关于制定国民经济和社会发展第十四个五年规划和二〇三五年远景目标的建议》，指出要加快推动绿色低碳发展；2021 年 3 月颁布了《中华人民共和国国民经济和社会发展第十四个五年

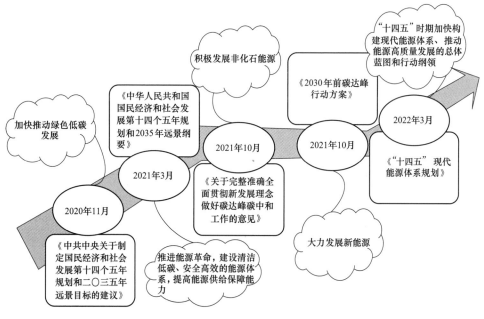

图 1-1　近年中国能源政策动态

1

规划和 2035 年远景纲要》，明确应推进能源革命，建设清洁低碳、安全高效的能源体系，提高能源供给保障能力；2021 年 10 月发布《关于完整准确全面贯彻新发展理念做好碳达峰碳中和工作的意见》，鼓励积极发展非化石能源；同时颁布《2030 年前碳达峰行动方案》，大力推动发展新能源；2022 年 3 月颁布《"十四五"现代能源体系规划》，明确"十四五"时期加快构建现代能源体系、推动能源高质量发展的总体蓝图和行动纲领。

综上所述，随着各行各业持续推进能源供给侧改革，煤炭、石油、天然气等传统能源生产比重呈现下降趋势，新能源和可再生能源增长强劲，清洁能源消费比例持续上升，能源生产和消费结构不断优化，中国能源转型取得初步进展，促进碳减排成效显著[4]。我国能源政策逐渐具体化，且其能源结构调整的总目标为降低化石燃料应用比例，大力发展新能源电力产能。

第二节　弃风弃光等能源问题的现状

近年来，为推动实现碳达峰、碳中和，我国在坚持安全降碳，即在保障能源安全的前提下，大力实施可再生能源替代，加快构建清洁低碳安全高效的能源体系。然而，由于以风能、太阳能等为代表的新能源存在出力不稳定的缺点，"弃风弃光"问题也日益突出，甚至给电网的运行带来一定的威胁[5]。

大规模、高比例的可再生能源发电并网在现阶段仍存在一定的技术瓶颈，影响其消纳比例。仅在 2019 年上半年，弃风电量和弃光电量就分别达到了 10.5TW·h 和 2.6 TW·h[5]。根据国家能源局数据显示，截至 2022 年 4 月底，全国发电装机容量约 24.1 亿 kW，同比增长 7.9%。其中，风电装机容量约 3.4 亿 kW，同比增长 17.7%；太阳能发电装机容量约 3.2 亿 kW，同比增长 23.6%。但值得注意的是，从全国新能源消纳预警监测平台最新发布的各省级区域新能源并网消纳情况来看，2022 年 1～4 月局部地区出现了弃风弃光增长的现象。例如，蒙西地区弃风率 11.8%，青海弃光率 10.1%。而造成该问题有三个主要原因：一是部分省份上年度新能源集中新增而造成并网规模较大；二是部分地区受多重因素影响，用电负荷增长放缓；三是部分地区风光资源情况偏好，因此造成弃风弃光短期内有所回升[6]。通过全国新能源消纳监测预警中心发布的 2022 年三季度全国新能源电力消纳评估分析数据可看出，三季度风电装机容量稳步增长、光伏装机容量大幅上升，且三季度 20 个省区新能源消纳利用率接近 100%，但有 2 个地区风电利用率低于 95%，分别为蒙东（91.3%）和青海（92.1%）；2 个地区光伏利用率低于 95%，分别为青海（91.4%）和西藏（82.2%）。表 1-1 统计了 2022 年三季度我国各区域消纳情况，数据来源于全国新能源消纳监测预警中心。图 1-2 分别为全国风电和光伏利用率逐月变化情况。

表 1-1 2022 年三季度我国各区域消纳情况

地区	风电利用率（%）	光伏利用率（%）
华北地区	98.7	99.7
西北地区	96.6	96.0
东北地区	95.6	99.6
中东部和南方地区	接近 100	接近 100

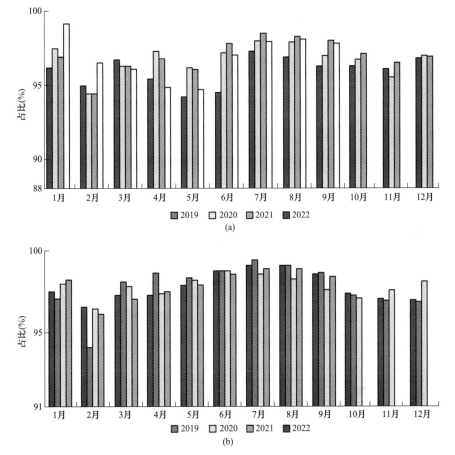

图 1-2 全国风电利用率逐月变化情况和全国光伏利用率逐月变化情况

（a）全国风电利用率逐月变化情况；（b）全国光伏利用率逐月变化情况

（注：图片来源于全国新能源消纳监测预警中心）

同时，可再生能源极易受自然条件的影响，因此其出力一般具有随机性和波动性，这会影响到电网中电力平衡的维持。同时，可再生能源电力市场交易机制不成熟等问题也会随之产生[5]。由于风电、光伏发电具有强烈的时变特性，电网供应侧的不确定性增加，电力系统的不稳定性也会增强。为消纳逐渐增长的新能源电力，目前占电力行业主体地位的煤电机组应主动承担起电力系统的调峰任务[7]。图 1-3 为 2022 年前三季度各能源发电量占比图（其数据来源于国家电网有限公司）。

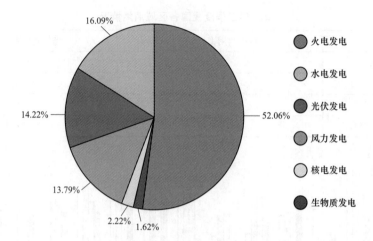

图 1-3   2022 年前三季度各能源发电量占比图

第三节   碳捕集技术的开发

国际上将碳捕集、利用与封存（CCUS）作为实现长期碳减排的重要措施，CCUS 技术对于降低全球二氧化碳排放量至关重要，同时 CCUS 也是实现我国长期绿色低碳发展的必然选择和重要举措[8]。CCUS 是目前各行业减少碳排放的重要方式之一，通过对二氧化碳的捕集、封存和转化，可降低温室气体排放。相较于国外发达经济体，我国 CCUS 相关工作开展相对较晚，且更加重视 CO_2 资源化利用价值的开发。在 2006 年北京香山会议学术讨论会上，首次提出 CCUS 概念并明确开始相关技术的探索研究，可从表 1-2 中的 4 个阶段梳理 CCUS 相关政策情况。

表 1-2   我国 CUSS 技术相关政策发展

发展阶段	情况概述	重要政策
"十一五"阶段：减碳先声	技术研究与试点工作开始启动	2006 年 2 月《国家中长期科学和技术发展规划纲要（2006—2020 年)》明确要推动化石能源"零碳化"开发利用，从国家层面正式提出要大力开发与应用 CCUS 技术
		2009 年出台我国第一个 CCUS 专项政策文件《中国二氧化碳储存地质潜力调查评价实施纲要》
		2010 年工信部提出以水泥行业为试点开展 CCUS 技术的可行性研究
"十二五"阶段：战略规划	CCUS 技术在全球的关注度逐渐升温，相关政策进入密集发布状态，我国开始围绕 CCUS 制定整体性、战略性部署计划，并明确相关目标	2011 年发布《国家"十二五"科学和技术发展规划》，明确要大力发展 CCUS 技术
		2011 年《中国碳捕集、利用与封存（CCUS）技术发展路线图研究》首次提出我国不同阶段的 CCUS 发展目标及优先方向
		2013 年，国家科技部、发改委、生态环境部分别就 CCUS 技术研究、试点示范、环境影响及风险应对等工作发布了专项政策文件
		2013 年我国二氧化碳捕集利用与封存产业技术创新战略联盟正式成立
		到"十二五"末期，部分 CCUS 技术成果已列入国家发改委公开发布的重点推广的低碳技术目录

续表

发展阶段	情况概述	重要政策
"十三五"阶段：实践探索	我国深化了CCUS技术与产业发展的定位与布局，并在环境风险评估、技术标准建设、投融资支持等领域开展了相关实践，同时进一步推动试点示范工程项目建设，有力促进了CCUS的规范化发展	2016年国家发改委在《能源技术革命创新行动计划（2016—2030年）》《能源生产和消费革命战略（2016—2030）》等规划中率先明确发展CCUS是我国中长期的重要工作
		2019年科技部发布的《中国碳捕集利用和封存技术发展路线图（2019版）》进一步明晰了CCUS技术在我国的战略定位
		2019年发改委发布的《产业结构调整指导目录（2019年本）》鼓励CCUS产业发展
		2020年《关于促进应对气候变化投融资的指导意见》提出气候投融资要支持开展CCUS试点示范
"十四五"阶段：深入推进	我国提出"双碳"发展目标，相关政策出台力度进一步强化，首次将我国CCUS相关扶持政策落到了实地，更在战略层面强调了CCUS示范工程的重要性，预示我国CCUS将进入大规模工业示范发展阶段	2021年《"十四五"规划和2035年远景目标纲要》明确将CCUS技术作为重大示范项目进行引导支持
		2021年4月《绿色债券支持项目目录（2021年版）》首次将CCUS纳入其中
		2021年6月国家发改委发布《关于请报送二氧化碳捕集利用与封存（CCUS）项目有关情况的通知》，开始对国内各类CCUS已建成及在建项目进行系统性的盘查，并建立项目信息管理制度
		2021年11月，央行推出碳减排支持工具，这是我国首个在贷款利率方面对CCUS项目进行支持的实质性政策

CCUS技术的实施涉及 CO_2 在微尺度上的物理和化学过程，例如扩散、溶解和反应等。微流控技术可以在微米甚至纳米尺度操控流体并揭示流体运动规律，在CCUS各个研究环节中均发挥了重要作用，也为规模运行的能源环境技术提供了重要基础。例如，基于微流控技术开发的 CO_2 液体吸收剂的高效表征和筛选平台，为 CO_2 捕集提供了重要支撑；微流控技术通过优化 CO_2 还原催化剂的合成和反应装置的优化设计，为 CO_2 高效转化为增值产品作出了贡献；微流控建模研究 CO_2 在地底孔隙中的流动、扩散和溶解等复杂行为，为 CO_2 地质封存奠定了基础。因此，微流控技术贯穿于CCUS全过程，通过结合机理研究、高通量筛选、强化传热传质、优化反应器设计等优势，为工业规模的 CO_2 转化利用提供更多机会[9]。

碳捕集技术主要是指将 CO_2 从固定排放源中分离，目前主要的固定 CO_2 排放源包括水泥和钢铁生产、化石燃料制氢、垃圾焚烧和发电等行业。目前针对固定源碳排放的碳捕集技术主要分为燃烧前、燃烧中和燃烧后捕集三类，其与现有碳排放系统的连接示意图如图1-4所示，其特征为在 CO_2 排放源的不同阶段利用相应技术对 CO_2 进行分离和捕获。

第四节　碳交易市场化应用

碳排放权交易市场是为了推动全球温室气体减排所采取的市场机制，1997年《京

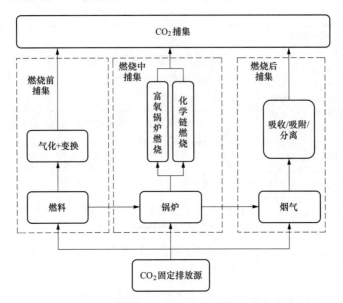

图 1-4 碳捕集技术与碳排放系统的连接示意图

都议定书》第一次将市场机制引入国际合作减排，规定了国际排放权交易机制（IET）、清洁发展机制（CDM）和联合履约机制（JI）三种形式。其中，国际排放权交易机制属于总量控制的碳配额交易，联合履约机制和清洁发展机制属于碳信用交易。国际排放权交易机制为欧盟建立跨国碳排放交易体系提供了借鉴；清洁发展机制和联合履约机制在很长一段时期是国际碳减排量交易的主要法律依据，清洁发展机制市场在《京都议定书》时期蓬勃发展。而由于需减排的温室气体中二氧化碳（CO_2）占比最大，因此将温室气体减排的市场机制称为碳交易。

中国是全球第二大温室气体排放国，富煤贫油少气的基本国情造成能源结构发展较不平衡，火电为主的发电结构造成生态负荷日益加重、化石能源走向枯竭，经济发展与生态保护亟需找到平衡点与制约力。

2011 年，我国在北京市、天津市、上海市、重庆市、广东省、湖北省、深圳市共 2 省 5 市设立碳排放权交易试点，主要涉及的行业如表 1-3 所示（数据来源于搜狐网）。2013 年 6 月～2014 年 6 月，各试点碳交易市场陆续启动交易。2016 年 12 月，福建省碳交易市场启动。2021 年 7 月 16 日，全国碳排放权交易市场正式上线交易，上海设为交易中心，武汉设为登记中心，发电行业作为首个被纳入全国碳交易市场的行业，全国共覆盖 2162 家重点排放单位，同时试点地区交易市场继续运行。截至 2021 年 12 月 31 日，全国碳排放交易市场实现碳排放配额累计成交量 1.79 亿 t，累计成交额 76.61 亿元。

杨茂佳[10]基于 2011—2020 年全国 30 个省市的面板数据，采用双倍差分法评估了碳交易市场运行对煤电行业产生的碳减排效应。实证检验表明，2014 年以来碳交易市场的运行显著降低了煤电行业的碳排放强度，且碳交易市场运行可以通过提升科技创新水平、降低能源消费水平、提高清洁能源发电量比例来降低煤电行业碳排放强度。

表 1-3　　　　　　　　　　碳排放权交易试点覆盖范围

试点	碳交易市场纳入行业
深圳	制造业、电力、燃气、公共交通等
上海	钢铁、石化等 10 个工业行业和航空、港口等 8 个非工业行业
北京	火电、热力、石化、水泥航空及交运、服务业和其他工业
广东	电力、水泥、钢铁、石化、造纸、民航、陶瓷等
天津	电力热力、石化、钢铁、化工、油气开采、建材、造纸、航空
湖北	电力、钢铁、水泥、化工等 15 个工业行业
重庆	发电、化工、热电联产、水泥等
福建	电力、钢铁、化工、石化、民航等 9 大行业

　　碳交易市场能够有效推动煤电企业承担碳减排社会责任，倒逼高耗能、高排放企业进行设备改造与技术创新，同时推动清洁能源发电快速发展，促使能源结构不断优化，产业结构更趋合理。图 1-5 列出了我国碳交易发展的主要进程。

图 1-5　我国碳交易发展进程

第二章

碳捕集技术的理论基础

碳捕集技术主要指从排放源捕集，分离后收集并压缩 CO_2 的过程。根据碳捕集与燃烧过程的先后顺序，可将碳捕集技术分为燃烧前捕集、燃烧中捕集和燃烧后捕集三类[11]，具体工艺流程如图 2-1 所示。

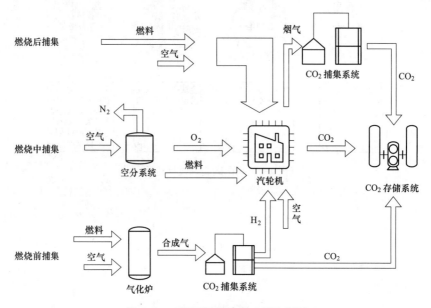

图 2-1　三类不同碳捕集工艺流程图

燃烧前捕集技术是指在一定的条件下将未燃烧的化石燃料经过气化变成合成气，再通过变换后产生高压气体和较高浓度的 CO_2，提前实现 CO_2 捕集，分离出的氢气再作为燃料使用[12]。该工艺能耗高，操作较为复杂，设备投入高，只适用于某些特定领域[13]。燃烧中捕集主要包括富氧燃烧和化学链燃烧技术，其特点是在燃烧过程中通过改变燃烧条件来提高燃料的氧化率，使燃烧后的气体包括高浓度的 CO_2 含量和少量的 H_2O，之后通过简单分离捕获高纯度 CO_2[14]。燃烧中捕集技术燃烧效率高，可提高碳利用率，节约大量燃料，但需要改进现有燃烧设备和配备例如空气分离系统等额外设备，间接增加项目的总投资和运行成本[15]。燃烧后碳捕集是指从化石燃料燃烧后的烟气中分离捕集 CO_2 的工艺技术。该技术是在原有燃烧设备不变的基础上对烟气中 CO_2 进行捕集，捕集过程压力低、烟气处理量大、操作简单，目前存在的主要问题是脱碳能耗较高、物料易损耗、设备容易腐蚀等[16]。鉴于燃烧后捕集技术适用范围广，技术相对成熟，现今已经成为国内外碳捕集的主要方法[17]。

第一节 碳捕集技术简介

一、燃烧前捕集

燃烧前捕集是指燃料（煤或天然气）在燃烧前经过预处理，将其中所含的碳与其他物质分离并加以利用的过程。以煤为例，燃料在气化炉的高温作用下形成以 CO 和 H_2 为主的合成气，然后在水煤气转化反应中形成 CO_2 和 H_2，混合气中的 CO_2 浓度较高（35%~45%），该气体混合物压力约为 3MPa（40℃），捕集过程的能量损失降低到 10%~16%，大约是燃烧后捕集系统的 1/2[18]。系统主要由煤气化系统、水煤气转化系统、合成气净化系统及联合循环发电系统组成，其工艺流程如图 2-2 所示。

图 2-2 燃烧前捕集技术系统图

二、燃烧中捕集

燃烧中捕集主要包括富氧燃烧和化学链燃烧技术。

（1）富氧燃烧是指用氧气取代空气作为氧化剂，与燃料一同在富氧燃烧炉中进行燃烧，其技术系统见图 2-3。燃烧后的混合气体主要为 CO_2 和 H_2O，其中 CO_2 的浓度可以达到 90% 以上，可以通过简单的冷凝直接将 CO_2 分离，大大降低了脱碳过程的能耗。由于氧化剂发生改变，富氧燃烧的燃烧特性、烟气辐射换热特性，以及脱硫脱硝特性等都将发生变化，这对富氧燃烧炉提出了进一步的要求。此外，富氧燃烧所需的氧气一般需要由空分装置供给，虽然 CO_2 捕集过程能耗降低，但空分设备的应用也增加了相应的能耗，同时还将大幅度提高捕集电站的总投资。由于其对已建成的燃煤电站来说兼容性较差，因此主要应用于新规划的燃煤电站。采用纯氧燃烧技术将使能源系统热效率下降 7~12 个百分点。目前富氧燃烧技术的发展还不够成熟，仍在工程示范层面[19]。

（2）化学链燃烧（CLC）技术用于捕集 CO_2 作为一种新的燃烧方式被提出，燃料进入燃料反应器中与载氧体反应燃烧生成 CO_2 和少部分 H_2O，通过简单的冷凝脱水处理，便可以得到高纯度的 CO_2 气体[20]，其技术系统见图 2-4。同时，在燃料反应器反应

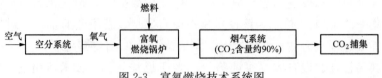

图 2-3　富氧燃烧技术系统图

后的载氧体进入空气反应器中与空气反应再生，随后再次进入燃料反应器与燃料反应。化学链燃烧技术的优势主要包括：一是具有内分离 CO_2 的特点，不需要外加分离装置进行 CO_2 捕集；二是分步燃烧过程实现了能量梯级利用；三是避免了燃料型 NO_x 的产生，由于燃烧温度较低减少了热力型 NO_x 的产生[21]。化学链燃烧技术可以大大降低二氧化碳捕获的能耗和成本。该技术成熟后，可广泛应用于化工、发电和供热工程。

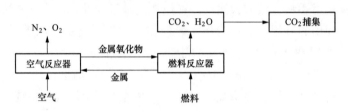

图 2-4　化学链燃烧技术系统图

三、燃烧后捕集

燃烧后捕集发生在燃料与空气混合燃烧后，是指从燃烧生成的烟气中将 CO_2 与其他组分分离，从而实现 CO_2 浓缩的一种技术，其技术系统见图 2-5。该技术路线的优点是仅需要在原有装置末端增加 CO_2 捕集装置，对原有装置进行的改造极少，但其缺点是烟气流量大、CO_2 分压低、组分复杂等导致碳捕集能耗偏高[22]。燃烧后集常用的分离方法主要有溶液吸收法、吸附法和膜分离法等。

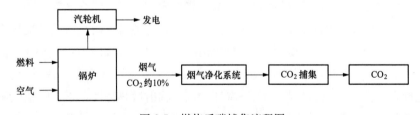

图 2-5　燃烧后碳捕集流程图

第二节　燃烧后碳捕集方法

一、溶液吸收法

溶液吸收法采用合适的溶剂与 CO_2 进行气液传质，从而实现混合气体中 CO_2 的分离，根据作用机制的差别分为化学吸收和物理吸收。

（1）化学吸收法是利用 CO_2 与吸收剂在吸收塔内进行化学反应而形成一种弱联结的中间体化合物，然后在再生塔内加热富含 CO_2 的吸收液使 CO_2 解析出来，同时吸收剂得以再生。化学吸收法具有吸收速度快、净化度高，CO_2 回收率高，以及低浓度烟气 CO_2 捕获有优势的优点，但是其脱附过程需要消耗大量的热，设备体积大，能耗较高。此外，解吸过程的高温容易造成胺性溶液的降解，从而造成设备腐蚀等问题[23]。化学吸收法的典型工艺流程如图 2-6 所示，经脱硫后的烟气从下方进入吸收塔，与从塔顶进入的有机胺类吸收液（贫液）逆流接触，完成二氧化碳的吸收后，烟气从塔顶排出，吸收二氧化碳后的溶液（富液）从塔底排出，经富液泵加压、贫富液换热器加热后进入再生塔，由再沸器提供热量，富液在再生塔内受热分解释放二氧化碳，二氧化碳从再生塔顶排出，经再生气冷却器、水冷却器冷却及分离器分离后前往压缩干燥系统；再生塔内分解后的吸收剂溶液（贫液）经贫富液换热器、贫液泵加压、贫液水冷却器冷却后从上部进入吸收塔，循环吸收二氧化碳[24]。

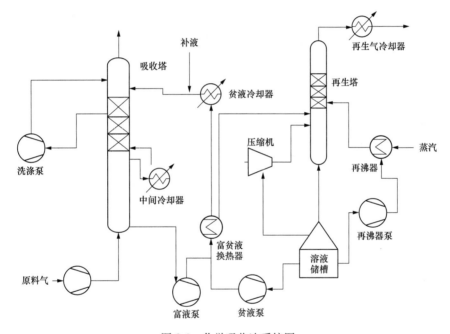

图 2-6　化学吸收法系统图

（2）物理吸收法的典型工艺为低温甲醇洗。低温甲醇洗根据甲醇对 CO_2、H_2S 等酸性气体具有较高的溶解度，对 H_2、CH_4、CO 等有效气体溶解度小，且对各种杂质气体选择性较好的原理，以甲醇为吸收溶剂，在低温高压条件下完成吸收过程，在高温低压条件下完成气体的解吸，脱除原料气中 CO_2、H_2S 以及其他杂质的过程[25]，具体工艺系统图如图 2-7 所示。目前主要用于煤化工粗合成气净化过程。

二、吸附法

吸附法利用多孔固体吸附剂如沸石或活性炭等进行 CO_2 吸附，分离过程中可能存

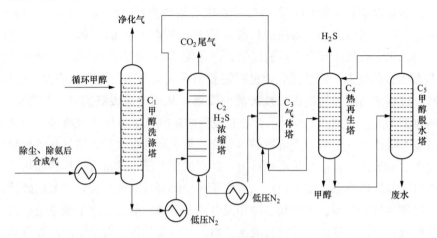

图 2-7　物理吸收法系统图

在化学反应，通过温度、压力等条件的变化实现吸附剂再生。吸附分离机理包括位阻效应、动力学效应，以及平衡效应实现分离。以沸石等为代表的吸附剂通过分子筛原理实现不同孔径气体分子的分离。当气体分子的扩散速率差别很大时，分离过程则依靠动力学原理实现。大部分的分离过程则依赖于吸附剂对不同气体分子的选择性差异和平衡吸附量实现。吸附法既可以用于处理传统火力发电厂烟气，同时还可以应用于 IGCC 电站以及钢铁等工业部门。与其他分离方式相比，吸附法具有能耗低、流程简单、吸附剂使用周期长、环境友好性等优点，应用前景广阔。

在碳捕集过程中，通过变压吸附、变温吸附、变压变温吸附等工艺实现吸附剂的再生。变压吸附具有循环周期快、工艺简单、单位时间内处理气体量大的特点。变温吸附能耗低，但是脱附时间较长。因此在实际工业应用中，可以采用变压变温吸附法缩短循环周期，提高再生效率，减少能耗。由于吸附法解吸温度低，热再生可以利用工艺过程中的低温余热，减少碳捕集过程的能量消耗，实现能量有效利用。变压吸附和变温吸附的工艺流程如图 2-8 所示[26]。

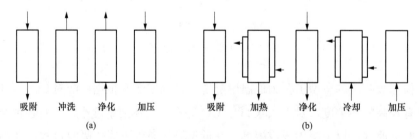

图 2-8　吸附工艺流程示意图
（a）变压吸附；（b）变温吸附

吸附剂是决定吸附工艺碳捕集技术经济性的关键。经典吸附剂有碳基材料（如活性炭）、沸石分子筛（如 13X、5A 等）、MOFs（如 Mg-MOF-74 等）、高分子固体胺等。MOFs 等新型吸附剂与传统碳基材料相比具有吸附能力强、结构功能可方便调整的特性，但是生产成本较高，在现阶段限制了其大规模工业应用。氨基吸附剂具有疏水性能，降低了工业烟气碳捕集前的预处理成本，可用于变压或变温吸附工艺中。碳基材料和沸石分子筛生产成本低，在很多工艺条件下可以表现出较好的吸附性能，因此是目前变压、变温吸附过程的首选吸附剂。吸附法在碳捕集工业中应用前景广阔。在吸附工艺方面，未来主要的研究目标是解决现存的技术难点、降低碳捕集成本、减少能耗。可以利用工业系统中的废热辅助进行脱附工艺的脱附过程，使 CCUS 技术尽快得到大规模商业化应用。同时，开发出吸附性能优越、结构稳定、疏水且易于生产的吸附剂是利用吸附法进行碳捕集实现大规模工业应用的关键[27]。

三、膜分离法

膜分离法主要分为膜分离技术与膜吸收法。

（1）膜分离技术主要利用特定材料制成的薄膜对不同气体渗透率的差异来分离气体[28]。其中被动传质过程用溶解-扩散机理解释（见图 2-9），传质过程是通过在压力条件下气体分子在膜两侧渗透速度差进行，其中快气在渗透端富集，而慢气在滞留端富集，具体过程由溶解、渗透、扩散三步组成[29]。

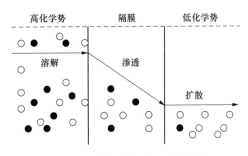

图 2-9　溶解-扩散机理示意图

膜材料分为有机高分子膜及无机膜两种。有机膜的选择性及渗透性较高，而在机械强度、热稳定性及化学稳定性上不及无机膜。常见的膜材料包括碳膜、二氧化硅膜、沸石膜、促进传递膜、混合膜、聚酰胺类膜及聚酰酸酯膜等[30]。其中二氧化硅膜被认为最接近于工业应用。膜分离法需要较高的操作压力，不适合于常规燃煤电站中 CO_2 的分离。膜分离法装置紧凑，占地少，且操作简单，具有大的发展前景。其缺点是现有膜材料的 CO_2 分离率较低，难以得到高纯度的 CO_2，要实现一定的减排量，往往需要多级分离过程。膜分离技术由于膜材料对烟气中腐蚀性成分的耐受性差，长期稳定运行有一定困难[31]。其系统相对简单，如图 2-10 所示。

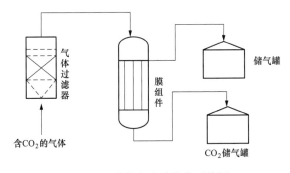

图 2-10　膜分离法碳捕集系统图

（2）膜吸收法是含 CO_2 的混合气体和吸收液分别在膜两侧流动，气液并不直接接触，只通过膜微孔发生联系。膜本身对气液两相没有选择性，只是起到将吸收剂和气体隔离开的作用，而 CO_2 在气液相浓度差的作用下透过膜孔扩散到液相。该吸收过程包含三个传质阶段：一是 CO_2 分子从混合气体传递到膜孔表面；二是 CO_2 分子再从膜孔扩散至气液两相界面；三是 CO_2 分子与吸收液接触并发生化学反应，吸收到液相。

四、碳捕集技术的对比

燃烧前捕集兼容性差,建造投资成本高,系统稳定性低使得其应用受到了限制。在富氧燃烧中,使用氧气代替空气进行助燃。在纯氧燃烧条件下,烟气的主要成分是二氧化碳、水、颗粒物和二氧化硫。传统的静电除尘器和烟气脱硫法可分别除去颗粒物和 SO_2,脱水后的高浓度(70%~95%)CO_2 气体可不经过分离直接进行后续的压缩、运输和储存。该技术的优势在于可明显降低燃烧后 NO_x 的含量,设备所需空间小,过程简单。但由于其对燃料燃烧的洁净度要求较高,制氧成本大,对设备的抗腐蚀能力要求高,因此并未得到大规模工业应用。燃烧后 CO_2 捕集技术不需要对现有装置、设备进行大规模的改造,因此,被认为是三种捕集方式中最为有效的 CO_2 捕集技术。

第三节 未来碳捕集的潜在应用技术

CO_2 捕集是 CCS 的关键技术单元之一,针对不同的 CO_2 源国内外研究开发了多种技术,各类技术各有所长,许多已经工业化,发展新型且经济高效的 CO_2 捕集技术非常重要。未来碳捕集的具体发展方向可能有以下几点:

(1)燃烧前捕集:对煤气中 CO 进行部分变换,其变换程度也需要考虑电厂效率和运行成本,变换后脱碳可采用工业过程的成熟技术。

(2)燃烧中捕集:新型的碳捕集技术化学链燃烧法仍需要继续研发。

(3)燃烧后捕集:吸收法仍需要提高效率,降低运行成本,另外需要考虑增加 CO_2 捕集后对电厂效率降低的容忍程度;吸附法中简易地选择某种吸附材料不可取,必须在合成新吸附剂过程中,全面考虑各类影响因素,基于 CO_2 捕集技术的工业领域,吸附材料的可持续性将是重中之重;基于传统吸附和吸附的捕集可以与电化学方法相结合。

为了节省碳捕集过程中的能源消耗,提高其经济性,可以将多个工业过程进行集成,未来的碳捕集潜在应用技术如图 2-11 所示,可能包括两级 CO_2 捕集系统,第一级

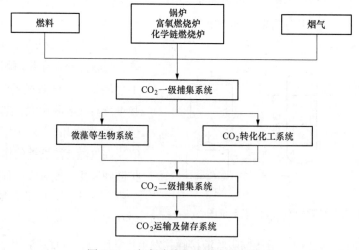

图 2-11 未来碳捕集的潜在应用技术

针对 CO_2 排放源的不同部位的特征进行特定捕集，捕集之后的 CO_2 则会进入微藻生物系统或 CO_2 转化化工系统进行 CO_2 的转化利用，这一步可以减少 CO_2 的储运压力并提高经济效益。利用之后的尾气进入二级捕集系统进行最终捕集，捕集之后的 CO_2 捕集则进入运输和储存系统。

第三章

燃烧后碳捕集的特性

燃烧后脱碳技术是指燃料进入到能源动力系统经过燃烧反应后，通过化学吸附或者吸收的方法捕集系统出口烟气的 CO_2 气体，主要有吸附法、吸收法、膜分离法等。其中膜分离法由于其限制性不适宜于燃煤电厂 CO_2 的大规模捕集，化学吸附和化学吸收技术在燃煤电厂的应用相对成熟。化学吸附法包括低温钠基吸附、低温钾基吸附、高温钙基吸附等。由于钙基吸收剂来源广、价格低且吸收容量大，该方法能耗较低且获得的 CO_2 气流的纯度高，因此该技术在分离燃煤电厂烟气中 CO_2 方面具有较强的技术优势和广阔的应用前景[32]。

对于钙基吸收剂循环煅烧和碳酸化（cyclic calcination/carbonation reaction，CCCR）分离技术，大量的研究主要集中在以下四个方面：①钙基吸收剂 CCCR 宏观动力学特性；②钙基吸收剂循环碳酸化转化率的变化规律及钙基吸收剂的改性；③基于钙基吸收剂 CCCR 法的双循环流化床反应器的设计与实现；④钙基吸收剂 CCCR 过程产物微观结构演变特性。四个研究内容之间有很强的联系：一方面，采用钙基吸收剂CCCR 分离 CO_2 技术首先需要有一个承载的反应装置，而双流化床反应器因其可以实现物料的均匀混合，在加强传热传质的同时有利于碳酸化和煅烧反应，是合适的选择，而 $CaCO_3$ 煅烧/CaO 碳酸化的动力学特性可以决定双流化床反应器的尺寸，钙基吸收剂的转化率随循环次数的变化规律是两个反应器之间的物料与能量平衡的基础[33]；另一方面，在钙基吸收剂 CCCR 过程中，煅烧产物的孔隙结构直接决定了碳酸化转化率的变化规律，同时间接影响到宏观动力学特性，而且钙基吸收剂的改性归根于微观结构的改良，因此微观结构特性的研究对更好地理解钙基吸收剂 CCCR 宏观特性具有重要的意义[34]。

化学吸收法是通过溶剂（MEA、氨水等）与烟气中的二氧化碳进行化学反应吸收，再进行 CO_2 汽提的方法达到碳捕集效果。低温氨基碳捕集方法是一种典型的化学吸收碳捕集技术，通过利用溶剂中-NH_2 官能团与 CO_2 进行吸附反应实现碳捕集过程，国内外学者主要集中在对吸附剂改进、动力学实验和模拟等方面的研究。Zhang 等[35]开发了由 MEA/水混溶性醇/H_2O 组成的新型 CO_2 相变吸收剂（CPCAs），使用 1-丙醇、2-丙醇和叔丁醇作为稀释剂，研究表明随着 1-丙醇浓度的增加，吸收剂低相的体积减小，但黏度逐渐增加，CO_2 捕集能力相对保持恒定，但是随着 1-丙醇浓度降低，CO_2 负载在较低相阶段增加。Lv 等[36]设计制备了氨基氨基酸官能化离子液体的高容量吸收剂，实验结果表明吸附剂、吸收剂的碳捕集能力为 $4.31 molCO_2/kg$，因为水与羧基对氢键结合形成了竞争局面，在有水存在下吸附剂稳态 CO_2 吸收能力降低。

第一节　CCUS 技术简介

碳捕获、利用与封存（carbon capture utilization and storage，CCUS）是将各种排放源的二氧化碳（CO_2）收集起来，并用各种方法储存以避免其排放到大气中的一种技术，如图 3-1 所示。CCUS 技术应对全球气候变化的关键技术之一，受到世界各国的高度重视，纷纷加大研发力度，在 CO_2 驱油等方面取得进展，但在产业化方面还存在困难。随着技术的进步及成本的降低，CCUS 前景光明。

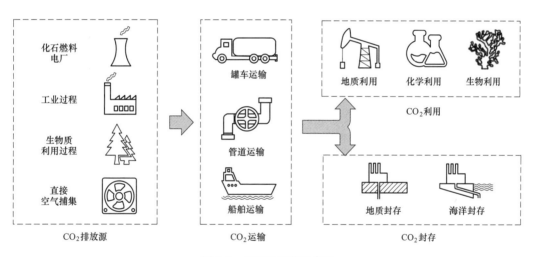

图 3-1　CCUS 工艺示意图

按照技术流程，CCUS 主要分为碳捕集、碳运输、碳利用、碳封存等环节。其中，碳捕集主要方式包括燃烧前捕集、燃烧中捕集和燃烧后捕集等；碳运输是将捕集的 CO_2 通过管道、船舶等方式运输到指定地点；碳利用是指通过工程技术手段将捕集的 CO_2 实现资源化利用的过程，利用方式包括矿物碳化、物理利用、化学利用和生物利用等；碳封存是通过一定技术手段将捕集的 CO_2 注入深部地质储层，使其与大气长期隔绝，封存方式主要包括地质封存和海洋封存。

国内主要燃烧后捕集工业试点和示范工程的具体情况如下所述，技术对比详见表 3-1。

表 3-1 　　　　　　　国内主要燃烧后捕集工业试点和示范工程[37]

示范项目	CO₂ 捕集规模	捕集与利用技术	投运时间
华能集团北京热电厂碳捕集示范项目	3000t/a	燃烧后捕集＋CO₂ 食品级利用	2008 年投运
华能集团上海石洞口碳捕集示范项目	12 万 t/a	燃烧后捕集＋CO₂ 食品级和工业利用	2009 年投运
中电投重庆双槐电厂碳捕集示范项目	1 万 t/a	燃烧后捕集＋CO₂ 工业利用	2010 年投运
中石化胜利油田 CCUS 项目	4 万 t/a	燃烧后捕集＋CO₂ 驱油	2010 年投运
华润海丰电厂碳捕集项目	2 万 t/a	燃烧后捕集＋CO₂ 食品级利用＋地质封存	2018 年投运

第二节　钙基吸收剂循环分离 CO₂ 特性

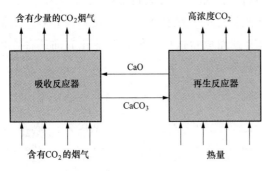

图 3-2　CCCR 过程简化示意图

目前，双流化床反应器是实现 CCCR 技术合适的反应装置，它由吸收反应器和煅烧反应器组成，通过连接管进行物料的交换，其简化示意图如图 3-2 所示。CaO 在吸收反应器中先与 CO₂ 应生成 CaCO₃，然后将产物输送至煅烧反应器对生成的 CaCO₃ 加热使其分解生成 CaO，然后再利用生成的 CaO 来吸收 CO₂，如此循环下去。在此过程中，CaO 与 CO₂ 的循环反应特性对相关过程的分析和反应器设计都至关重要。其具体的反应可以用下面的化学方程式描述，即

$$CaO(s) + CO_2(g) \longrightarrow CaCO_3(s) \qquad \Delta H = -178kJ/mol（碳酸化反应） \qquad (3-1)$$

$$CaCO_3(s) \longrightarrow CaO(s) + CO_2(g) \quad \Delta H = +178kJ/mol（煅烧反应） \qquad (3-2)$$

影响钙基吸收剂循环吸收特性的因素主要有钙基吸收剂的种类、煅烧温度和煅烧气氛、碳酸化温度和碳酸化气氛等，其中煅烧温度、煅烧气氛和碳酸化气氛对钙基吸收剂循环吸收 CO₂ 特性的影响研究较大，在选定钙基吸收剂种类和碳酸化温度的前提下，下面重点对这三个因素展开研究。

一、实验工况及流程

钙基吸收剂循环吸收 CO₂ 过程活性影响因素复杂，既包括前期煅烧反应对后续碳酸化反应的影响，又包括自身反应条件的影响。为了简化实验过程，本实验选定钙基吸收剂种类为天然石灰石，具体的实验工况如表 3-2 所示。

实验在常压下进行，每次取用 (0.2±0.02)g 样品，煅烧气氛总流量 1000mL/min。为减小样品颗粒间的扩散阻力，将样品平铺在坩埚底面，形成厚度均匀的薄层。为使实验过程更接近真实的反应过程，实验均采用等温法。具体的实验过程如下：首先在设定煅烧温度和气氛下对石灰石进行煅烧实验，然后煅烧实验完毕后，将温度调节到设定的

碳酸化温度，最后按设定的配比调节 N_2 和 CO_2 质量流量计，对煅烧产物进行碳酸化实验，至此完成一个循环。

表 3-2 实验工况

样品质量(g)	煅烧温度(℃)	煅烧气氛 CO_2/N_2(mL/min)	碳酸化温度(℃)	碳酸化气氛 CO_2/N_2(mL/min)	循环次数
0.2	850	0/1000	700	150/850	7
	900	150/850		250/750	
	950	350/650		350/650	
		600/400		450/550	

二、实验结果和讨论

根据表 3-2 制订的实验工况进行石灰石循环煅烧/碳酸化实验，对不同影响因素下钙基吸收剂循环吸收特性展开研究，通过动力学计算和分段分析进一步研究动力学特性和活性衰减特性。

1. 煅烧温度对石灰石循环分离 CO_2 的影响及动力学分析

煅烧温度对石灰石循环分离 CO_2 的研究较多，但主要集中于改变煅烧温度以考察煅烧产物脱碳性能变化，而对动力学特性的研究鲜有报道。因此对不同煅烧温度下石灰石循环吸收 CO_2 动力学特性展开研究，发掘动力学参数的变化规律，为相关反应过程的分析和反应器的设计提供一定的参考。

在以煅烧温度为变量进行实验研究时，设定煅烧气氛为 1000mL/min 的纯氮气氛围，碳酸化温度 700℃，碳酸化气氛为 150mL/min 的 CO_2 和 850mL/min 的 N_2 混合而成。CaO 碳酸化转化率 X 的计算公式为

$$X = \frac{M_{CaO}(m_{Nt} - m_{N0})}{M_{CO_2} m_0 A} \tag{3-3}$$

式中：M_{CaO} 和 M_{CO_2} 分别为 CaO 和 CO_2 的摩尔质量；m_0 为反应前样品的质量；A 为初始样品中 CaO 的含量；m_{Nt} 为第 N 次循环碳酸化反应进行 t min 后样品的质量；m_{N0} 第 N 次循环煅烧后样品质量，试验中样品每次循环煅烧后的质量基本相同。

（1）煅烧温度对 CaO 最终转化率的影响。煅烧温度对不同循环次数下 CaO 最终转化率的影响如图 3-2 所示。由图 3-2 中可知，随着循环次数和煅烧温度的增加，CaO 最终转化率显著降低，煅烧温度不同，变化趋势略有不同。在石灰石煅烧过程中，分解产生的 CaO 颗粒在高温下会发生烧结现象[38]。烧结使 CaO 比表面积和比孔容积迅速减小，最终导致 CaO 吸收 CO_2 的能力减弱[39]。CaO 烧结程度随着循环次数和煅烧温度的增加而加重，最终导致 CaO 最终转化率降低。如图所示，低温 850℃工况下 CaO 最终转化率随循环次数增加降低缓慢，而 900℃和 950℃工况下 CaO 最终转化率快速降低，说明合理地控制煅烧温度对后续脱碳反应有重要的作用。

（2）煅烧温度对 CaO 循环碳酸化特性的影响。如图 3-3 所示，不同煅烧温度下

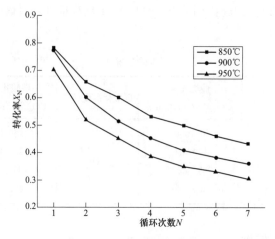

图 3-3　不同煅烧温度下 CaO 最终碳酸化转化率随循环次数的变化

CaO 碳酸化反应特性随着循环次数的变化具有自相似性。在反应的初期首先是反应速率非常快的化学反应控制阶段,然后反应转化率的增加速率明显降低,最后变化趋势趋于平缓,进入产物层扩散控制阶段[40]。但煅烧温度和循环次数改变时,CaO 碳酸化反应在不同控制阶段开始和结束的时间不同。

随着循环次数的增加,化学反应控制阶段逐渐缩短,CaO 碳酸化反应较早地进入到产物层扩散控制阶段,这种变化在前 3 次循环中尤为明显,在之后的循环反应中缩减幅度较小,例如,煅烧温度 850℃工况下前 3 次循环化学反应控制阶段结束时间分别约为 2.9、2.1min 和 1.7min,而后 4 次循环化学反应控制阶段结束时间则为 1.6、1.5、1.4min 和 1.4min;同理,煅烧温度 900、950℃工况下循环次数对反应控制阶段结束时间的影响类似,只是时间的大小不同。由于化学反应控制阶段转化率基本决定了最终转化率,因此化学反应控制阶段的提前结束是导致随着循环次数的增加 CaO 最终转化率减小的重要原因。另外,循环次数增加导致化学反应控制阶段反应速率减小是导致 CaO 最终转化率减小的另一重要原因。

随着煅烧温度的增大,同样导致化学反应控制阶段缩短,产物层扩散控制阶段提前到来。以第 1 次循环为例,煅烧温度 850、900℃和 950℃工况下反应控制阶段结束时间分别约为 2.9、2.7min 和 2.6min,其他循环次下变化规律相似。另外,在高温 950℃下可以明显地看出随着循环次数的增加化学反应控制阶段迅速缩短,第 7 次循环反应控制阶段结束时间已经下降到 0.7min,因此可以预测在 7 次之后的循环反应中,碳酸化反应基本由产物层内扩散速度控制,反应速率明显降低,这也是 950℃工况下 CaO 最终转化率明显低于 850℃的重要原因,如图 3-4 所示。

（3）石灰石循环分离 CO_2 动力学模型。假设 CaO 试样是由具有一定粒度的微粒组成,并且 CaO 微粒具有规则的几何形状和各向同性的反应活性。在反应过程中,CO_2 气体在 CaO 微粒间的空隙向固态试样内部扩散的同时,也与其周围的微粒反应。由于与固态试样相比,CaO 微粒本身比较致密,因此收缩核模型可以用来直接描述每一个微

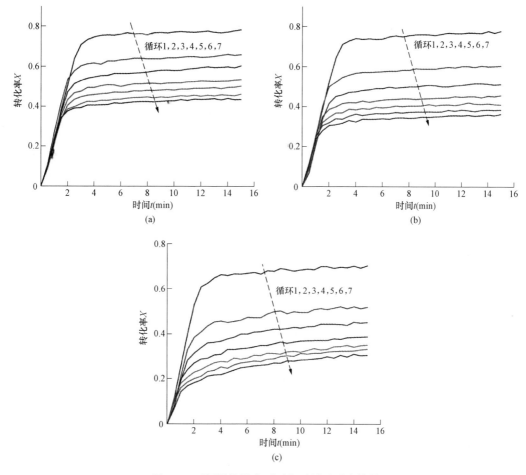

图 3-4　不同煅烧温度下石灰石循环反应特性

（a）煅烧温度 850℃；（b）煅烧温度 900℃；（c）煅烧温度 950℃

粒的动力学行为[41]。

CaO 碳酸化反应主要由初期的化学反应控制阶段和后期的产物层扩散控制阶段组成，因此必须采用两段的收缩核模型对不同的控制阶段进行数学描述。

当反应过程由化学反应速度控制时，反应方程式为

$$1-(1-X)^{\frac{1}{3}}=k_r t \tag{3-4}$$

当反应过程由产物层内扩散速度控制时，反应方程式为

$$1-3(1-X)^{\frac{2}{3}}+2(1-X)=k_d t \tag{3-5}$$

式中：k_r 和 k_d 分别为化学反应控制阶段和产物层扩散控制阶段的表观反应速率常数，$\mathrm{min^{-1}}$；t 为反应时间，min。

（4）不同煅烧产物循环碳酸化反应动力学特性分析。以上定性分析了煅烧温度对石灰石循环反应特性的影响，为了更准确地对反应特性进行深入研究，通过建立动力学模型进行定量分析。图 3-4（a）中标示出了不同控制阶段反应方程的适用范围，动力学计算数据

分别选取其中的近似直线段进行分析。动力学参数计算结果如图 3-5 和图 3-6 所示。

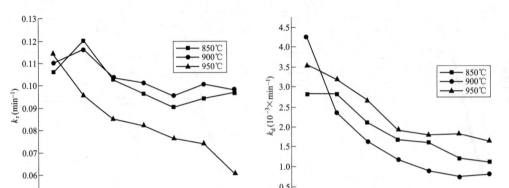

图 3-5　不同煅烧温度下 k_r 随循环次数的变化　　图 3-6　不同煅烧温度下 k_d 随循环次数的变化

对于单次循环，850℃和900℃工况下化学反应控制阶段表观反应速率常数 k_r 基本不变，而950℃工况下 k_r（除第一次循环外）快速降低，这种降低的幅度随着循环次数的增加而增大。产物层扩散控制阶段的表观反应速率常数 k_d 随煅烧温度变化不规律。950℃工况下 k_d（除第一次循环外）相对较高，850℃工况下 k_d 次之，900℃工况下 k_d 最低。对于多次循环，三种煅烧温度下表观反应速率常数 k_r 和 k_d 均随循环次数的增加而降低，煅烧温度不同，变化趋势有所不同。在化学反应控制阶段，850℃和900℃工况下表观反应速率常数 k_r 衰减缓慢，前 7 次循环分别衰减 0.009min^{-1} 和 0.012min^{-1}；而950℃工况下 k_r 快速降低，前 7 次循环衰减 0.054min^{-1}，说明较高的煅烧温度对化学反应速度有较大的影响。在产物层扩散控制阶段，表观反应速率常数 k_d 随煅烧温度的增大变化不规律。850℃和950℃工况下 k_d 衰减缓慢，前 7 次分别衰减 $1.692\times10^{-3}\text{min}^{-1}$ 和 $1.901\times10^{-3}\text{min}^{-1}$；900℃工况下 k_d 衰减加速，前 7 次循环衰减 $3.455\times10^{-3}\text{min}^{-1}$。

2. 碳酸化气氛对石灰石循环分离 CO_2 的影响及动力学分析

碳酸化气氛中 CO_2 浓度对石灰石循环分离特性有直接的影响，在以碳酸化气氛为变量进行实验研究时，设定石灰石煅烧温度为900℃，煅烧气氛为 1000mL/min 的纯氮气氛围，碳酸化温度为700℃。

（1）CO_2 浓度对 CaO 最终转化率的影响。碳酸化气氛中 CO_2 浓度对不同循环次数下 CaO 最终转化率的影响如图 3-7 所示，其中 a、b、c 和 d 依次代表了碳酸化气氛中 CO_2 的浓度为 15％、25％、35％和 45％（体积分数）四种工况，此表示方法也适用于本节中以下图表的分析。由图 3-7 可知，四种工况下 CaO 最终转化率皆随循环次数的增加而降低，但随着 CO_2 浓度的增加，CaO 最终转化率总体有所提高，但不同循环次数下变化并不相同。在前 3 次循环反应中，四种 CO_2 浓度下 CaO 最终转化率变化不大，而随后 4 次循环中，b 工况下 CaO 最终转化率逐渐高于 a 工况，且变化幅度随循环次数的增加有进一步增大的趋势。对比 b、c 和 d 工况可知，三种 CO_2 浓度下最终转化率几乎没有变化，说明在 25％CO_2 浓度下碳酸化反应已经饱和，进一步增加反应气体中

CO_2 浓度不能增大最终转化率。

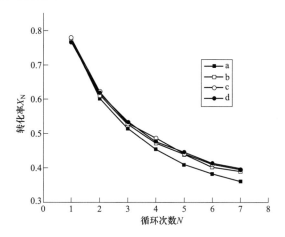

图 3-7 不同 CO_2 浓度下 CaO 最终碳酸化转化率随循环次数的变化

（2）CO_2 浓度对 CaO 循环碳酸化特性的影响。如图 3-8 所示，随着循环次数的变

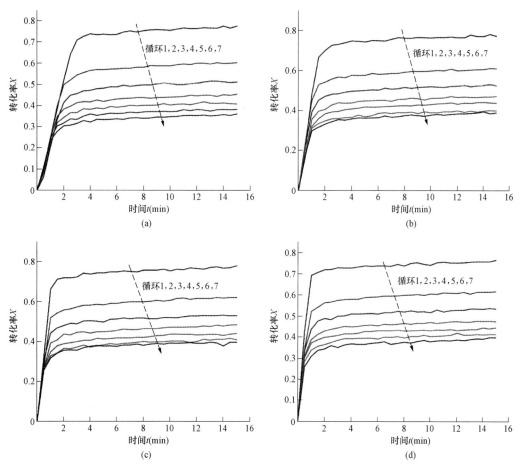

图 3-8 不同 CO_2 浓度和循环次数下 CaO 碳酸化转化率变化曲线

化，CaO 碳酸化反应特性具有自相似性，与反应气氛中 CO_2 的浓度变化无关。在反应的初期首先是反应速率非常快的化学反应控制阶段，然后反应转化率的增加速率明显降低，最后变化趋势趋于平缓，进入产物层扩散控制阶段[42]。但是，随着循环次数的增加，化学反应控制阶段逐渐缩短，CaO 碳酸化反应较早地进入到产物层扩散控制阶段，导致碳酸化最终转化率减小。这种变化在前 3 次循环中尤为明显，在之后的循环反应中缩减幅度较小，例如 a 工况下前 3 次循环化学反应控制阶段结束时间分别约为 2.7、1.9min 和 1.6min，而后 4 次循环化学反应控制阶段结束时间则为 1.4、1.3、1.1min 和 1min；同理，其他三种 CO_2 浓度下循环次数对反应控制阶段结束时间的影响类似，只是时间的大小不同。

CO_2 浓度对石灰石循环反应特性的影响主要集中在反应速率上。对比四种工况下 CaO 碳酸化转化率变化曲线可知，随着碳酸化气氛中 CO_2 浓度的增加，在化学反应控制阶段转化率曲线逐渐变陡，说明化学反应速率随之增大；而产物层扩散控制阶段转化率曲线斜率变化不大，说明反应气氛中 CO_2 浓度对扩散阶段反应速率影响较小，但 CO_2 浓度的增大加速了化学反应的进程，致使反应较早地进入到产物层扩散阶段。以第一次循环反应为例，a、b、c 和 d 四种工况下反应控制阶段结束时间分别约为 2.7、1.3、1min 和 0.8min，而产物层扩散阶段开始时间分别约为 3.6、2.4、1.5、1.4min。同理，不同循环次数下 CO_2 浓度对反应控制阶段和产物层扩散阶段的影响类似，只是变化幅度减小。由时间变化可以看出，继续增大 CO_2 浓度反应控制阶段结束时间衰减速度变缓，与循环次数对反应控制阶段结束时间影响类似。

综合 CO_2 浓度对石灰石循环反应特性的影响可知：CO_2 浓度对石灰石循环反应特性的影响随着循环次数的增大逐渐减小，而且随着 CO_2 浓度的进一步增大，其对循环反应特性的影响减弱。因此可以预测在 7 次之后的循环反应中，CO_2 浓度对 CaO 碳酸化反应特性的影响较小，但在前期的循环反应中 CO_2 浓度的影响不容忽略。

（3）CO_2 浓度对循环反应动力学特性的影响。以上定性分析了 CO_2 浓度对石灰石循环反应特性的影响，为了更准确地对反应特性进行深入研究，通过建立动力学模型进行定量分析。不同控制阶段的动力学模型见式（3-2）和式（3-3），动力学参数计算结果如图 3-9 和图 3-10 所示。

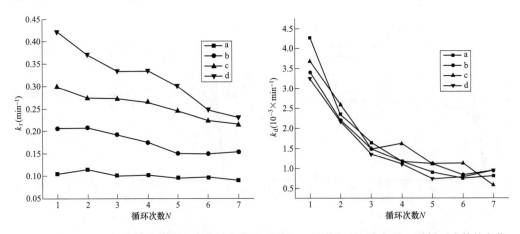

图 3-9　不同 CO_2 浓度下 k_r 随循环次数的变化　　图 3-10　不同 CO_2 浓度下 k_d 随循环次数的变化

由图 3-9 和图 3-10 可知，a、b、c 和 d 四种工况下化学反应控制阶段和产物层扩散控制阶段的表观反应速率常数 k_r 和 k_d 均随循环次数的增加而降低，不同工况下衰减的规律不同。在化学反应控制阶段，a 工况下表观反应速率常数 k_r 衰减缓慢。

其中，第 1 次和第 7 次循环反应 k_r 分别为 $0.106min^{-1}$ 和 $0.092min^{-1}$，仅略有降低；而 b 和 c 工况下则衰减加速，尤其体现在前 5 次循环中，其中 b、c 工况下前 5 次循环反应 k_r 分别衰减 $0.056min^{-1}$ 和 $0.053min^{-1}$；d 工况下 k_r 在整个循环中皆有不同程度的衰减，相比其他工况衰减最严重。在产物层扩散控制阶段，表观反应速率常数 k_d 几乎不随 CO_2 浓度的变化而变化，只随循环次数的增加大体呈指数衰减趋势，在前 4 次循环中 k_d 衰减迅速，而后衰减缓慢。

另外，对于单次循环来说，随着 CO_2 浓度的增大，表观反应速率常数 k_r 相应增大，但这种增加的幅度随着循环次数的增加而减小，而表观反应速率常数 k_d 变化不明显。综合两阶段表观反应速率常数 k_r 和 k_d 的分析可知，增大反应气体 CO_2 浓度只对化学反应控制阶段影响较大，这种影响随着循环次数的增加而减弱；产物层扩散控制阶段受循环次数影响较大，受 CO_2 浓度的影响不明显。

3. 煅烧气氛对石灰石循环分离 CO_2 过程特性的影响

在以煅烧气氛为变量进行实验研究时，设定煅烧温度为 950℃，碳酸化温度 700℃，碳酸化气氛为 150mL/min 的 CO_2 和 850mL/min 的 N_2 混合而成。

（1）煅烧气氛对 CaO 最终转化率的影响。煅烧气氛对不同循环次数下 CaO 最终转化率的影响如图 3-11 所示，其中 a、b、c 和 d 依次代表了石灰石煅烧气氛中 CO_2 的体积分数为 0%、15%、35% 和 60% 四种工况，此表示方法也适用于以下图表的分析。由图 3-11 中可知，随着循环次数的增加，四种工况下 CaO 最终转化率显著降低，在前 4 次循环反应中降低趋势尤为明显。随着煅烧气氛中 CO_2 体积分数的增加，相同循环次数下 CaO 最终转化率有所降低，但不同煅烧气氛下变化趋势有所不同。b 工况下煅烧气氛中 CO_2 浓度较低，对煅烧反应的影响较小，因此相比 a 工况仅略有降低，但不明显。而随着 CO_2 体积分数的进一步增加，煅烧反应对后续碳酸化反应影响凸显，因此 c 工况下 CaO 最终转化率开始降低，而 d 工况下降低趋势显著，而且随着循环次数的增加降低幅度有所增大。

CaO 最终转化率降低的根本原因是煅烧产物 CaO 颗粒特性的改变，而烧结是改变颗粒内部特性的主要因素。烧结使 CaO 比表面积和比孔容积迅速减小，最终导致 CaO 吸收 CO_2 的能力减弱。Borgwardt[43] 的研究证明石灰石煅烧过程中 CO_2 的存在会加剧烧结的速度，最终导致 CaO 最终转化率降低。

（2）煅烧气氛对 CaO 循环碳酸化特性的影响。图 3-12 为四种煅烧气氛下石灰石循环反应特性。如图 3-12 所示，不同煅烧气氛下 CaO 碳酸化反应特性随着循环次数的变化具有自相似性。在反应的初期首先是反应速率非常快的化学反应控制阶段，然后反应转化率的增加速率明显降低，最后变化趋势趋于平缓，进入产物层扩散控制阶段。但煅烧气氛变化时，CaO 碳酸化反应在不同控制阶段有所不同。

在纯 N_2 下煅烧时，CaO 循环碳酸化反应具有明显的两阶段控制区；而随着煅烧气

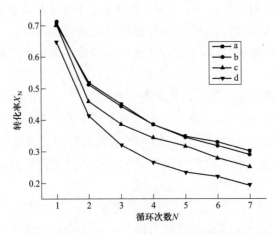

图 3-11　不同煅烧气氛下 CaO 最终转化率随循环次数的变化关系

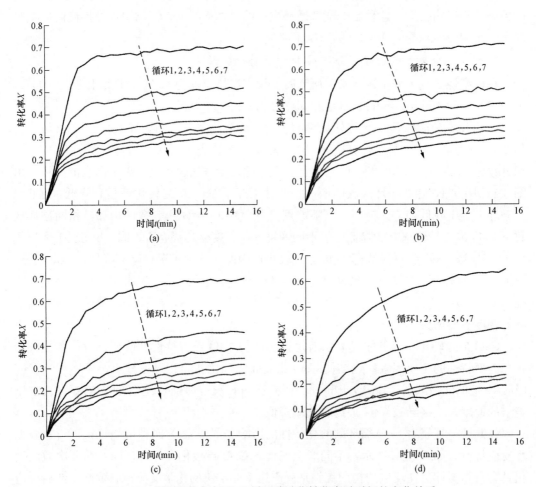

图 3-12　不同煅烧气氛 CaO 循环碳酸化转化率随时间的变化关系

氛中 CO_2 体积分数的增加，化学反应控制区逐渐缩短，碳酸化反应较早地进入到产物层扩散控制阶段。以第 4 次循环反应为例，a、b、c 和 d 四种工况下反应控制阶段结束时间分别约为 0.9、0.8、0.6min 和 0.5min，而产物层扩散阶段开始时间分别约为 1.7、1.5、1.3、1.2min。其中反应控制阶段结束时间即碳酸化反应快速反应段的近似直线段的结束时间，扩散阶段开始时间为碳酸化曲线趋于平缓的开始时间，虽为近似取值，但仍具有说服力。

观察图 3-12 (d) 可知，化学反应控制阶段已经不明显，整个碳酸化反应主要由产物层内扩散速度控制，因此可以预测随着煅烧气氛中 CO_2 体积分数的进一步增加，CaO 碳酸化反应基本由产物层扩散阶段控制。

不同煅烧气氛下，CaO 碳酸化反应随循环次数的增加变化趋势基本相同。化学反应控制阶段随循环次数的增加逐渐缩短，这种变化在前 4 次循环中尤为明显，在之后的循环反应中缩减幅度较小，例如 b 工况下前 4 次循环化学反应控制阶段结束时间分别约为 2.3、1.4、1.2min 和 0.8min，而后 3 次循环化学反应控制阶段结束时间则约为 0.7、0.6min 和 0.5min。由于 CaO 最终转化率主要由化学反应控制阶段转化率组成，因此化学反应控制阶段提前结束是导致 CaO 最终转化率随着循环次数的增加而减小的重要原因。

第三节　醇胺吸收 CO_2 特性

根据连接在氨基上氮原子上的"活泼"氢原子数目的不同，可以将醇胺分为以下种类：醇胺包括一级醇胺如：乙醇胺（Monoethanolamine，MEA）、二甘醇胺（Diglycolamine，DGA）；二级醇胺如：二乙醇胺（Diethanolamine，DEA）、二异丙醇胺（Diisopropanolamine，DIPA）；三级醇胺如：三乙醇胺（Triethanolamine，TEA）、甲基二乙醇胺（Methyldiethanolamine，MDEA）；空间位阻氨（2-氨基-2-甲基-1-丙醇，AMP）。以上所述的各类醇胺的分子式中至少有一个羟基 OH 及一个氨基。羟基（OH）的作用是增加醇胺在水中的溶解性以降低其蒸气压，而氨基的作用则是使水溶液呈现碱性，因此使醇胺可以与酸性气体反应。各级醇胺的物理性质如表 3-3 所示。

表 3-3　　　　　　　　　　　各种醇胺热物理性质表

物理性质	MEA	DGA	DEA	DIPA	TEA	MDEA	AMP
分子量	61.09	105.14	105.14	133.19	149.19	119.17	89.14
密度（20℃）	1.0179	1.0550	1.0919	0.9890	1.1258	1.0418	0.934
沸点（常压，℃）	171	221	—	248.7	360	247.2	165
饱和蒸汽压（mmHg，20℃）	0.36	0.01	0.01	0.01	0.01	0.01	—
凝固点（℃）	10.5	9.5	28	42	21.2	21	30.5
黏度（绝对，cps）	15.1	26	380	198	1013	57.9	99.5
蒸发热（1atm，kJ/kg）	825	509.2	669.3	428.8	534.5	518.3	—
反应热（kJ/kg）	1917.3	1975.4	1517.6	—	1464	1394.4	

一、实验装置和化学试剂

实验的结构示意图如图 3-13 所示,从氮气和二氧化碳气瓶出来的气体经过减压阀减压后被转子流量计测定并控制各自的流量,混合后进入反应容器;反应容器由电磁搅拌水浴锅保持设定的恒定温度,从反应容器出来的气体依次经两次水洗、冷凝器和 $CaCl_2$ 干燥器等后处理装置,最后由 CO_2 分析仪测量出口处 CO_2 浓度,并由电脑记录实时数据。

反应器内先放入的是蒸馏水,不吸收 CO_2,调节流量计使气体总流量为 360mL/min,CO_2 和 N_2 的体积分数分别为 15% 和 85% 左右。待流量计和分析仪读数稳定后,将蒸馏水换成调配好的化学溶液,进行反应。读数间隔为 5min 一次。反应器进出口 CO_2 的比例差乘以其他总流量就是溶液对 CO_2 的吸收速率。实验在 1 个大气压,20℃下进行,溶液总体积为 250mL。

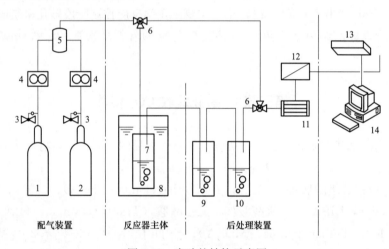

图 3-13 实验的结构示意图

1—N_2 气瓶;2—CO_2 气瓶;3—减压阀;4—流量计;5—混气罐;6—三通;7—反应器;
8—水浴装置;9—一次水洗瓶;10—二次水洗瓶;11—冷凝器;12—干燥器;13—CO_2 分析仪;14—计算机

实验材料如表 3-4 所示。

表 3-4 实验药品列表

气体/化学试剂	分子式	纯度	备注
二氧化碳	CO_2	99.9%	保定北方气体公司
氮气	N_2	99.9%	保定北方气体公司
MEA	$NH_2CH_2CH_2OH$	分析纯	天津科密欧化学试剂公司
DEA	$HN(CH_2CH_2OH)_2$	分析纯	天津科密欧化学试剂公司
TEA	$N(CH_2CH_2OH)_2$	分析纯	天津科密欧化学试剂公司
MDEA	$CH_2N(CH_2CH_2OH)_2$	分析纯	天津科密欧化学试剂公司
水	H_2O	蒸馏水	自制

二、分析方法

实验中，气体的流量由转子流量计测量，反应的温度由恒温水浴锅控制，出口二氧化碳的含量由红外线二氧化碳分析仪测量。假设 a 为混合气体中初始二氧化碳百分含量，b 为分析仪测出的二氧化碳百分含量，V_1 为进口气体总流量，V_2 为出口气体总流量，则二氧化碳吸收速率 V 计算公式为

$$V = (V_1 \times a - V_2 \times b)/100 \tag{3-6}$$

三、MEA 吸收 CO_2 特性

MEA 溶剂的特点是化学反应活性好，能将原料气中的 H_2S 和 CO_2 一起脱除，其缺点是在工业流程中容易发泡及长期使用后会降解变质。同时 MEA 的再生温度相对较高（约 $125℃$），这往往导致再生系统的腐蚀比较严重，因为工业中 MEA 溶液的质量含量一般是 15%（质量含量），最高也不超过 20%，且溶液的吸收负荷也仅能达到 $0.3 \sim 0.4mol$。

1. MEA 的浓度对 CO_2 吸收速率的影响

分别取 $0.5mol/L$、$1.0mol/L$、$1.5mol/L$ 和 $2.0mol/L$ 浓度的 MEA 溶液 $250mL$ 放置于反应器中，反应温度都是 $25℃$，反应压力为大气压，入口 CO_2 体积含量是 15%，气体总流量是 $460mL/min$，测得不同浓度的吸收曲线如图 3-14 所示。

由图 3-14 中曲线可知：在开始的 $5min$，不同浓度的 MEA 溶液的吸收速率迅速达到最大值。在 $5min$ 后，吸收速率都迅速降低并逐渐趋于稳定，反应速率越高的时候下降速率越大，反应速率越小的时候下降速率越慢。同时 MEA 的初始浓度越高，吸收速率也相应较快。

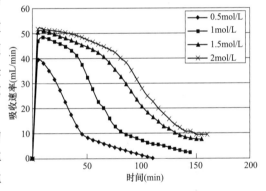

图 3-14 不同浓度的 MEA 对 CO_2 的吸收速率曲线

吸收速率随时间的变化反映了溶液中吸收过程的变化。吸收反应刚开始，溶液中 MEA 直接与 CO_2 反应，吸收速率较快；随着反应的继续和 MEA 的消耗，MEA 有效浓度降低，吸收速率也随之迅速下降。随着反应的继续进行，溶液中的 MEA 大部分都已经与 CO_2 反应完毕，此时溶液中反应以物理吸收为主，化学吸收只占很小的比例，所以吸收速率较慢，且变化也趋于十分平缓。

2. MEA 的浓度对 CO_2 的吸收量和吸收负荷的影响

MEA 对 CO_2 的吸收量就是从反应开始到计时时刻 MEA 溶液所吸收的 CO_2 的总体积或摩尔量；吸收负荷则是单位吸收剂所吸收的平均 CO_2 量。将吸收速率对时间积分或求和计算就可以得到吸收量；而将总吸收量除以 MEA 的初始物质的量就是 MEA 的吸收负荷。

由图 3-15 和图 3-16 可知，吸收量和吸收负荷都随反应时间的增长而增大，开始的时候增加得快，后来增加得慢，增加的速率反应瞬时吸收速率。同时，MEA 的初始浓度越高，吸收量也越大；但 MEA 的初始浓度越高时，吸收负荷反而越小。

从工业的角度选择二氧化碳吸收剂，最先考虑的是吸收剂能否在最短的时间内吸收最大量的 CO_2。根据图 3-15 和图 3-16，在所实验的浓度范围内，2mol/L 的 MEA 具有最大的吸收速率，吸收量和吸收负荷也最大。但随着 MEA 浓度的增大，MEA 对 CO_2 的吸收速率、吸收量和吸收负荷增加的幅度越来越小。同时，更高的 MEA 浓度会导致更高的成本以及更高的腐蚀性，继续提高 MEA 浓度带来的收益逐渐缩小，经济性较差。

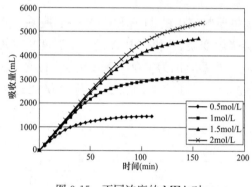

图 3-15　不同浓度的 MEA 对
CO_2 的吸收量曲线

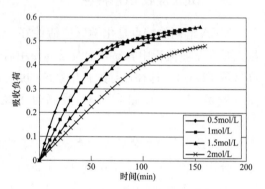

图 3-16　不同浓度的 MEA 对
CO_2 的吸收负荷曲线

3. 温度对 MEA 溶液吸收 CO_2 的影响

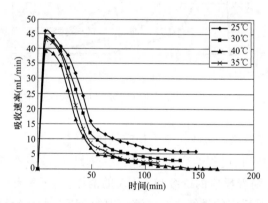

图 3-17　不同温度下 MEA 对 CO_2 的吸收速率曲线

取 1mol/L 浓度的 MEA 溶液 250mL 置于反应器中，反应压力为大气压，反应温度分别为 25、30、35、40℃，入口 CO_2 体积含量是 15％，入口气体总流量是 460mL/min，反应速率随时间的变化见图 3-17。

由图 3-17 中可知，不同温度下的吸收速率随时间的变化曲线形状相似，表示不同温度下吸收过程及其变化规律一致。温度越高，吸收速率反而越低，但是温度对吸收速率的影响不是很大，不同温度下吸收速率的差别很小。

温度对吸收性能有双重的影响。一方面，由于 MEA 和 CO_2 的反应是放热反应，提高温度会使平衡左移，使反应吸收的 CO_2 速率和容量减少。同时，温度的升高会使得溶液对 CO_2 的溶解度减小，导致溶液可吸收的 CO_2 量减少。另一方面，温度的提高会加快化学反应速率，加速溶液对 CO_2 的吸收。

工业应用上所采用的吸收剂，既要有大的吸收容量，又要在较大吸收负荷的前提下保持较高的吸收速率。在实际工业吸收 CO_2 的操作过程中，由于来自吸收塔的富液要和来自再生塔的贫液之间先进行热量交换，因此选择较高的吸收温度可以同时提高对二氧化碳的吸收速度和减少热量交换过程中的热量损失。但是过高的温度往往伴随有较高溶剂挥发损失和设备的腐蚀。最终选择何种操作温度需要在实践中综合各个因素进行权衡比较。

四、DEA 吸收 CO_2 特性

DEA 是仲胺，与 MEA 相比，DEA 与 CO_2 的反应速率稍微低些，与杂质发生副反应而造成的溶剂损失也较少。仅当 DEA 质量分数达到约30％时，DEA 的降解才会非常明显；DEA 的沸点比 MEA 高，DEA 与 CO_2 的反应可以在较高的温度下，且不易降解；DEA 较 MEA 易于再生，再生热耗较小。另外，使用 DEA 作为吸收剂的投资和运行费用均比 MEA 溶液的低，故而后期使用 DEA 作为 CO_2 吸收剂得到越来越广泛的工业应用。

分别取 0.5、1.0、1.5mol/L 和 2.0mol/L 浓度的 DEA 溶液 250mL 放置于反应器中，反应温度统一都是 25℃，反应压力为大气压，入口 CO_2 体积含量是 15％，入口混合气体总流量是 460mL/min，测得不同浓度的吸收曲线如图 3-18～图 3-20 所示。

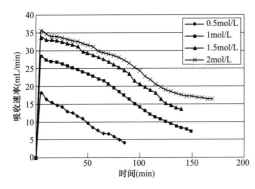

图 3-18　DEA 的浓度对 CO_2
的吸收速率的影响

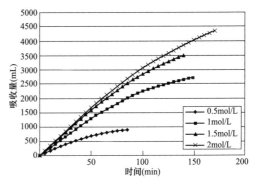

图 3-19　DEA 的浓度对 CO_2 的吸收量的影响

与 MEA 的反应过程类似，DEA 和 TEA 对 CO_2 的吸收速率、吸收量和负荷随时间的变化都呈现了开始时很高，然后迅速降低，但降低速率逐渐减小。

五、MDEA 吸收 CO_2 特性

MDEA 属于叔胺，分子中都没有自由氢，碱性较弱，与 CO_2 反应不会像伯仲胺一样生成氨基甲酸根。同时它不直接与 CO_2 反应，而只是在 CO_2 水解的

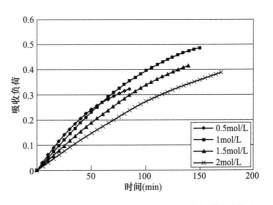

图 3-20　DEA 的浓度对 CO_2 的吸收负荷的影响

时候充当催化剂，使 CO_2 生成碳酸氢根，因此它们的水溶液与 CO_2 的反应速率比较慢，反应所需要的时间比较长。但根据反应式的化学计量，它们对 CO_2 的吸收容量大，理论上最大负荷可以达到 $1mol\ CO_2/mol$ 醇胺。

王挹薇等[44]对 MDEA 的水溶液吸收 CO_2 进行了实验和理论研究，模拟计算并且比较了反应的速率常数，表观活化能以及它们随温度和浓度的变化。徐国文等[45]实验测定了 CO_2 在 MDEA 水溶液中的溶解度，并且建立了模型与实测结果进行比较。

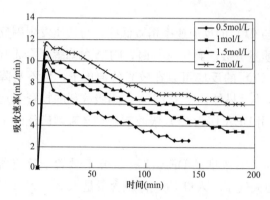

图 3-21　MDEA 的浓度对 CO_2 的吸收速率的影响

1. MDEA 浓度对 CO_2 吸收速率、吸收量和负荷的影响

分别取 0.5、1.0、1.5 和 2.0mol/L 浓度的 MDEA 溶液 250mL 放置于反应器中，反应温度都是 25℃，反应压力为大气压，入口 CO_2 体积含量是 15%，入口气体总流量是 460mL/min，测得不同浓度的吸收曲线见图 3-21。

由于 MDEA 溶液与 CO_2 的反应既包含化学反应又有物理反应，但总体上以物理吸收为主，故其与 CO_2 的反应相当于 MDEA 催化水解反应。因而 MDEA 同 CO_2 的反应速率比较低，吸收速率变化也很缓慢。但反应的时间可以持续很长，反而总体吸收量会很大。由图 3-22 和图 3-23 可知：在实验的浓度范围内，MDEA 的浓度越高，溶液对 CO_2 的吸收速率也越大，在计时时刻的吸收量和吸收负荷也越大。吸收速率随着时间的进行逐渐降低，吸收量和吸收负荷则随时间逐渐增加。

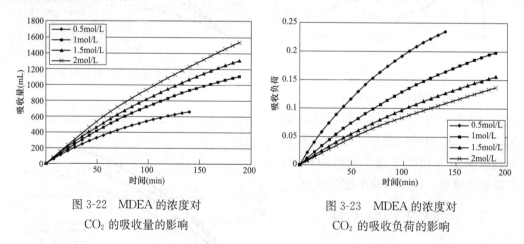

图 3-22　MDEA 的浓度对 CO_2 的吸收量的影响

图 3-23　MDEA 的浓度对 CO_2 的吸收负荷的影响

2. 温度对 MDEA 吸收 CO_2 的影响

取 0.5mol/L 浓度的 MDEA 溶液 250mL 置于反应器中，反应压力为大气压，反应温度分别为 25、30、35、40℃，入口 CO_2 体积含量是 15%，入口气体总流量是 460mL/min，反应速率随时间的变化见图 3-24。

同温度对 MEA 吸收 CO_2 的影响一样，温度对 MDEA 的吸收性能也有两方面对立的影响。一方面提高温度会使 MDEA 和 CO_2 的反应平衡左移，使反应吸收的 CO_2 速率和溶液对 CO_2 的吸收容量减少。同时，温度的升高会使得溶液对 CO_2 的溶解度减少，可吸收的 CO_2 量减少。另一方面，提高温度会加快化学反应速率，加速溶液对 CO_2 的吸收反应。

六、TEA 吸收 CO_2 特性

TEA 属于叔胺，呈无色油状液体或白色固体，稍有氨的气味。分别取 0.5、1.0、1.5mol/L 和 2.0mol/L 浓度的 TEA 溶液 250mL 放置于反应器中，反应温度都是 25℃，反应压力为大气压，入口 CO_2 体积含量是 15％，试验系统入口气体总流量是 460mL/min，测得不同浓度的吸收曲线如图 3-25～图 3-27 所示。

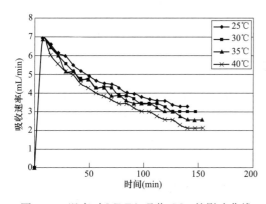

图 3-24　温度对 MDEA 吸收 CO_2 的影响曲线　　图 3-25　TEA 的浓度对 CO_2 的吸收速率的影响

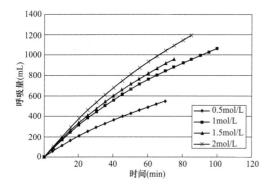
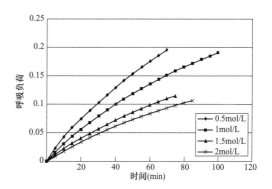

图 3-26　TEA 的浓度对 CO_2 的吸收量的影响　　图 3-27　TEA 的浓度对 CO_2 的吸收负荷的影响

与 MDEA 与 CO_2 的反应类似，TEA 也不与 CO_2 直接反应，而是催化二氧化碳的水解反应。因此整体反应速率受限于水解反应速率，同样比较慢。TEA 溶液吸收 CO_2 的总体速率也很小，变化也小，反应完全所需要的时间比较长。

七、单独醇胺吸收 CO_2 的对比

取 250mL 相同浓度（0.5mol/L）的醇胺 MEA、DEA、TEA 和 MDEA，实验它们

的吸收速率、吸收量和负荷的特点，反应温度都是25℃，反应压力为大气压，入口CO_2体积含量是15％，试验系统入口气体总流量是460mL/min。实验结果如图3-28～图3-30所示。

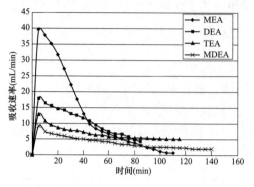

图3-28 不同醇胺对 CO_2 的吸收速率对比

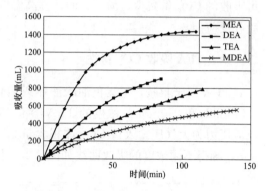

图3-29 不同醇胺对 CO_2 的吸收量对比

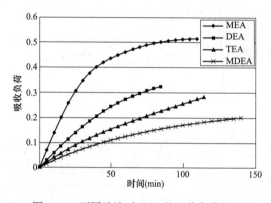

图3-30 不同醇胺对 CO_2 的吸收负荷对比

根据吸收速率随时间的变化图，可以看出：在各种反应条件一致的情况下，不同的醇胺的吸收速率不相同，在开始阶段，MEA 的最大，DEA 的第二，MDEA 的最小。MEA、DEA、TEA、MDEA 最大吸收速率分别是 39.6、18.06、12.9mL/min 和 9.03mL/min。很明显，MEA 的最大吸收速率远远超过了其他醇胺的最大吸收速率，这就是在前期工业应用中为什么 MEA 溶液大受欢迎，应用广泛。DEA 溶液的吸收速率相对于 TEA 和 MDEA 也比较大，因为它也是与 CO_2 直接反应的，速率较快；TEA 和 MDEA 则属于叔胺，反应速率相近且较慢。同时，MEA 的吸收速率下降得很快，图中所示，100min 之后其吸收速率就接近于 0，溶液已经没有了吸收能力；DEA 也类似，在 90min 的时候就很低了。但 TEA、MDEA 的吸收速率变化得非常慢。反应时间超过两个小时之后仍然有最大值一半左右的吸收速率。TEA 和 MDEA 的吸收特点是可以长期保持较稳定的吸收速率。

分析醇胺的吸收量和吸收负荷对比曲线，MEA 和 DEA 的吸收量和吸收负荷在开始阶段增长得很快，且绝对量都比 TEA 和 MDEA 的大，但是到后期趋近于稳定，变化很缓慢。由于时间的限制，没有等待反应进行完全，但是可以判断，随着反应的继续进行，TEA 和 MDEA 的吸收速率和负荷会持续增长，追上甚至超过 MEA 和 DEA 的吸收速率和负荷[46]。

第四章

燃煤调峰机组耦合碳捕集装置的性能评估

今后相当一段时间内，我国的电源结构仍将以燃煤火电机组为主，火电机组在纯凝工况下的调峰能力通常只有 50% 左右额定容量，"以热限电"的模式更是大大降低了供热机组的调峰能力[47]。而电力系统调峰能力严重不足是影响我国可再生能源消纳的核心问题，因此在新能源产业迅速发展的背景下，对现有燃煤机组进行灵活性改造，充分发掘机组深度调峰潜力，是提升能源利用水平和系统灵活性，实现大规模新能源并网与消纳的重要手段[48]。

目前，提高燃煤机组的灵活性主要包括锅炉燃烧系统改造、低负荷运行优化、汽水系统改造、热工控制系统优化及热电解耦运行等方面[49]。其中，对于仅仅发电的机组调峰，研究方向集中在锅炉、汽轮机改造及低负荷运行等，如陈子曦等[50]对某 300MW机组进行低负荷稳燃试验，提出一种富氧低 NO_x 稳燃技术，该技术可实现锅炉的低负荷稳燃和超低排放，同时机组调峰能力和经济性大幅提高。对于供热机组而言，现有的供热方式主要包括区域集中供热、热电联产以及混合供热系统等。从工程实践来看，为满足机组深度调峰，实现"热电解耦"，对供热机组的改造技术主要有切缸改造、高背压改造、打孔抽汽、蓄热罐、电锅炉等，如王建勋[51]研究了超临界 650MW 机组低压缸零出力技术对机组灵活性调峰能力及经济性的影响，结果发现，额定工况发电负荷由 458.6MW 降至 353.3MW，热负荷由 540.6MW 增加至 821.95MW，大幅增强了机组的灵活性调峰能力及供热能力且经济效益显著。金国强等[52]分析了某 330MW 供热机组储热罐改造前后机组热电解耦及调峰能力的变化情况，结果表明，储热罐改造能够大幅提升机组的供热解耦能力和发电解耦能力，特别是在低负荷工况下，能够有效解决因"以热定电"导致的供热能力不足的问题，同时能够大幅提升机组的深度调峰能力，但无法进一步降低机组最低出力。陈永辉等[53]对机组灵活性改造中热电解耦时间、电锅炉型式，以及不同电锅炉容量配置对机组实际发电负荷的影响等进行研究，设计并提供了最优电锅炉容量及装设方案并对改造前后机组的调峰能力和性能指标进行分析，结果表明，改造方案能有效解决供热期热电机组无法调峰问题，促进清洁能源消纳。

综上所述，围绕着不同的调峰需求和灵活性需求，相关专家学者提出了不同的技术方案，灵活性改造也将成为未来能源电力转型和高比例新能源电力系统的主流方向和重要组成部分[54]。

第一节 燃煤调峰机组的自身性能

在"双碳"目标的背景下，调峰能力不足是制约火电机组灵活性的关键因素，火电机组灵活调峰能够有效解决新能源的消纳问题[55]。目前，我国纯凝机组在实际运行中的调峰能力一般为额定容量的 50% 左右，在只发电的情况下通过灵活性改造，纯凝机组将会增加 15%～20% 额定容量的调峰能力，最小技术出力达到 30%～35% 额定容量。因此，提升燃煤调峰机组的自身性能是提升机组调峰能力、改善机组灵活性的重要手段。

表 4-1 列举了几种调峰方面改善机组灵活性的工程试验和改造方案。其中，为应对机组调峰能力不足、负荷响应缓慢的问题，冯树臣等[56]对某电厂 600MW 机组进行改造优化，机组快速变负荷能力增强，实现了机组深度调峰要求。为保证机组调峰低负荷运行下的安全性、环保性，刘文胜等[57]对某电厂 600MW 机组深度调峰过程进行研究，结果发现，锅炉燃烧稳定，机组运行平稳、安全；李沙[58]对某电厂 600MW 机组进行省煤器分级改造，将原有省煤器拆除一部分，在 SCR（选择性催化还原）反应器后增设一定的省煤器受热面，后竖井烟道处的省煤器受热面积的减少使 SCR 系统入口烟温提高，保证机组脱硝系统正常投运，图 4-1 为省煤器分级改造的示意图。

表 4-1 调峰方面机组性能

机组负荷	机组灵活性	改造内容	改造效果	参考文献
600MW	机组能够深度连续快速变荷，负荷跟踪性能良好，控制平稳，满足机组灵活性调峰要求	对控制系统进行优化，采用锅炉实时能量输出检测、基于磨煤机煤质组合标煤解耦的机炉精确能量平衡、智能滑压给定值技术	可长时间深调至 180MW，并且可以在 180～600MW 之间快速调节，灵活性调峰能力得到极大增强	[56]
600MW	机组低负荷运行下锅炉稳燃性较好，基本满足深度调峰要求	—	—	[57]
600MW	提高机组低负荷运行时 SCR 入口烟温，保证机组脱硝系统正常投运	省煤器分级改造	改造后，210MW 负荷工况下 SCR 入口烟温提高 30℃左右，有效提高 SCR 入口烟温	[58]
630MW	通过煤质掺烧机组可实现 32% 额定负荷下无助燃调峰运行且燃烧稳定性良好	—	—	[59]
660MW	机组能够在长期稳定运行负荷下达到 40% 负荷深度调峰的下限值要求	—	—	[60]

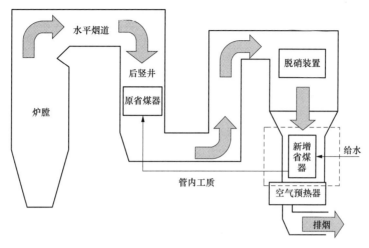

图 4-1　省煤器分级改造示意图

综上所述，在机组调峰方面，针对目前火电机组调峰能力不足、负荷响应迟缓以及机组安全性、经济性、环保性等问题，可以通过锅炉低负荷稳燃技术、旁路改造等提升机组负荷速率，以及变负荷下污染物的生成与控制等方面来提高机组的灵活性。机组深度调峰运行时，锅炉面临低负荷稳燃的限制及脱硝入口烟气温度过低等问题，进而限制了锅炉深度调峰的能力。因此，锅炉侧的燃烧优化在灵活性改造中具有极为重要的地位[61]。通过精细化调整、燃烧器改造、煤质掺烧等手段来保证低负荷运行下机组的灵活性已成为当前众多电厂工程改造实践的首选，并已取得积极成效[62]。

第二节　抽汽辅助调节特性

为响应国家节能减排政策和实现能源的综合利用，目前许多火电燃煤机组逐步向热电联产机组发展，对于工业抽汽、供汽利用，由于不同工业蒸汽用户的工艺不同，所需的蒸汽压力参数也就不尽相同。而随着机组深度调峰需求的升高，为满足机组在全负荷下的工业抽汽参数，应尽量提高工业供汽灵活性响应。

表 4-2 列举了几种抽汽利用方面提高机组灵活性的工程试验和改造方案。其中，针对燃煤机组抽汽供热改造已有诸多研究，例如，杨学权等[63]以 350MW 机组为研究对象，开发了一种汽轮机抽汽—锅炉再加热供热系统改造方案。此外，汽机抽汽也常被用于加热空气、给水、凝结水和驱动给水泵、循环泵等，以实现能量的梯级利用，如黄琪薇等[64]对 50MW 抽背式热电联产机组进行研究，改造后的汽动给水泵能增加发电量，具有良好的经济效益，图 4-2 展示了改造后的汽动给水泵系统图；杨勇平等[65]提出了机炉耦合热集成系统，将抽汽用于预热低温空气、加热给水和凝结水，提高机组热功转换效率，节能效益显著提升。如今，随着储能技术的发展，燃煤机组与储能相结合成为如今机组灵活性改造的重点，如邹小刚等[66]将熔盐储热系统与燃煤机组相结合，通过储存抽汽显热，快速提高机组调峰能力；李斌等[67]将压缩空气储能系统与燃煤机组相结合，将抽汽用于预热空气，从而提升机组响应电网的 AGC 指令速度。

表 4-2 抽汽方面机组性能

机组负荷	抽汽用途	机组性能	改造内容	改造效果	参考文献
50MW	驱动给水泵	实现能量的梯级利用，增加了发电量，经济效益显著	设置高压除氧器和表面式补水加热器各1台	兼顾了运行效果和除氧效果	[64]
135MW	抽汽供热	提升供热能力及机组效率，解决了机组深度调峰时"热电解耦"问题	将汽轮机低压旁路蒸汽引至采暖抽汽系统，进入热网加热器提高供暖温度	进一步释放了机组调峰和供热潜能，经济效益显著	[68]
300MW	驱动热网循环泵	对机组运行调整方面更有优势	—	—	[69]
350MW	加热空气	提升火电机组响应电网的 AGC 指令速度			[67]
350MW	驱动给水泵、储存蒸汽显热	耦合熔盐储热系统，调峰响应速度快，工艺系统简单，安全性高			[66]
350MW	抽汽供热	解决了低压供热温度高的问题，减少了喷水减温的损失	在锅炉侧增加一级受热面（即再加热器）对抽汽进行加热	满足中压供热蒸汽温度需求，在不同机组负荷下供汽量调节灵活，对锅炉和汽轮机的正常运行没有影响	[63]
660MW	抽汽干燥	有效利用低压能级的抽汽量，提高了锅炉效率，减少耗煤量	在原煤仓内设置原煤加热器	增加了进入炉膛的热量，提高了机组的热经济性	[70]
1000MW	预热低温空气，加热给水和凝结水	更好地实现了能量的梯级利用，增加机组出功	增设了前置空气预热子系统和旁路烟道子系统	提高机组热功转换效率，节能效益显著提升，安全性得到改善	[65]

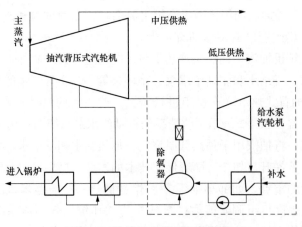

图 4-2 汽动给水泵改造示意图

综上所述，针对不同的抽汽用途，专家学者们提出了众多提高机组灵活性的改造方案，但目前仍以抽汽供热改造为主要研究方向，其中较为成熟的技术主要有：

（1）从原机组的主汽、再热冷段、再热热段管道上抽汽，再通过减温减压器进行供汽[71]；

（2）根据供汽参数在汽轮机汽缸合适的位置进行打孔抽汽；

（3）采用压力匹配器；

（4）采用小汽轮机，实现能量的梯级利用。

其中，图4-3展示了上述抽汽模式的系统图。另外，工业化抽汽烘干技术也得到了一定发展，可将汽轮机抽汽用于原煤干燥、烟草烘干等。随着国家大力发展储能技术，抽汽储能技术得到了快速发展[72]，图4-4介绍了一种熔盐储能在火电机组汽轮机旁路应用的系统示意图，该系统主要抽取主、再热蒸汽与熔盐进行换热，充分利用了高温蒸汽，能极大增强深度调峰能力及系统灵活性。通过对机组进行高温熔盐储热改造，能够增强传统火电机组的调节容量和灵活性，大大提高机组深度调峰能力，实现"热电解耦"，同时也能有效消纳弃风弃光。

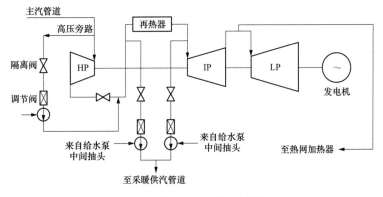

图4-3　抽汽改造系统示意图

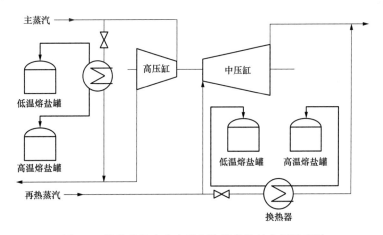

图4-4　熔盐储能在火电机组汽机旁路的应用示意图

第三节　耗电驱动调节后的性能评估

在工程实践中，机组通过消耗一定的电能用于工业使用后，在一定程度上也能提高机组的灵活性。图 4-5 为主要的机组耗能用途分类。一般燃煤机组电能消耗大多用于给水泵、凝结水泵等辅机耗电和厂用电，在节能减排的大环境下，一般电厂都会进行能耗计算和脱硝处理，实现机组的优化运行。另外，对于热电联产机组，为实现"热电解耦"，当前多数机组采用配置电锅炉、电热泵等来改善机组灵活性[73]，在"以热定电"的运行模式下，高发热量往往会导致发电量过剩，因此利用电驱动热泵可在一定程度上消耗过剩的电能，提高热电联产机组的灵活性。如 Chen 等[74]利用跨临界 CO_2 热泵来消耗过剩的电能，该系统的有效电效率更高，但其更适用于电力产能过剩的情况。

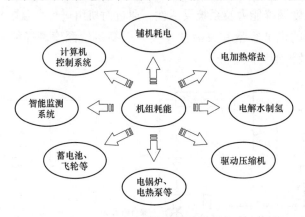

图 4-5　机组耗能用途分类

本质上来说，电锅炉是一种储能手段，当前火电燃煤机组与储能技术相耦合是应对大规模、高比例新能源并网的重要途径，其中主要有蓄电池、超级电容器及飞轮储能等储能手段需要消耗电能，如田景奇等[75]提出了图 4-6 所示的多能互补系统，通过蓄电池

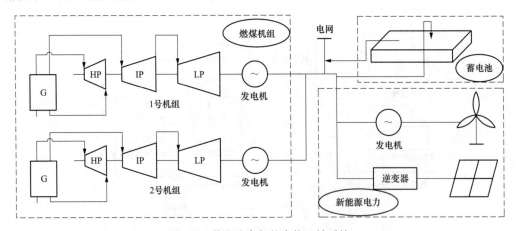

图 4-6　蓄电池参与的多能互补系统

辅助提高新能源的消纳能力；隋云任[76]对某600MW燃煤机组进行研究，通过电机驱动飞轮实现机组的快速调频，机组负荷相对更稳定，经济性得到极大提高，图4-7展示了飞轮储能系统的基本构成。

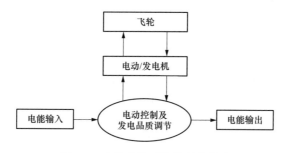

图4-7　飞轮储能系统的基本构成

此外，火电机组与不同的系统相耦合也会消耗一定的电量以提升自身性能，如耦合高温熔盐储热系统将电能用于加热熔盐、耦合压缩空气储能系统将电能用于驱动压缩机、耦合碳捕集系统将电能用于驱动引风机和压缩机等，表4-3列举了消耗电能以改善机组灵活性的方案。

表 4-3　耗能方面机组性能

机组负荷	电能用途	机组性能	参考文献
100MW	电驱动热泵	机组供热和余热回收能力大大增强，节能、环保、经济效益显著	[77]
300MW	电锅炉、电热泵	将设计最低电负荷由70%降到50%，而储热系统可降低煤耗，同时电锅炉、电热泵能够有效改善机组的灵活性	[73]
350MW	驱动压缩机	通过增大入口空气温度和质量流量可以提升火电机组响应电网的AGC指令速度，在短时间内完成并网发电任务	[67]
350MW	电加热熔盐	耦合熔盐储热系统，调峰响应速度快，工艺系统简单，安全性高	[66]
350MW	充入蓄电池	通过接入蓄电池储能来满足已有燃煤机组对新能源的消纳，调整"源-储-荷"的匹配性，实现多能互补	[75]
600MW	驱动飞轮储能运行	利用飞轮储能系统辅助燃煤机组调峰调频，极大地提高调频质量，延长机组寿命，经济性良好	[76]
600MW	接入超级电容器辅助调频	显著减小汽轮机高压调节阀节流损失、降低机组煤耗，将机组的一次调频响应能力提升10%~20%	[78]
670MW	电解水制氢	缓解了火电机组参与深度调峰时的压力，使运行负荷提升，经济效益良好，同时系统碳排放量进一步降低	[79]

综上所述，机组耗电大多情况下被用于实现机组的优化调整，如智能监测、污染物处理等，伴随着节能降耗的要求，电厂一般都会进行节能改造来降低此部分电耗。对于热电机组而言，特别是风力发电和光伏发电的引入，配置合适容量的电锅炉用于消纳弃风弃光成为一种有效手段，图4-8为配置电锅炉的热电厂系统结构图。为构建新型电力系统，建设以蓄电池、飞轮储能等为代表的储能技术资源将是有效应对能源挑战的途径

之一。随着今后新能源的大力发展和对机组灵活性改造技术研究的深入，多能互补是能源革命的重要方向之一，也是提高机组灵活性的必然要求，图 4-9、图 4-10 分别展示了新能源电力下火电机组与氢储能和熔盐储能耦合的示意图。而储能作为多能互补的技术基础，将在未来能源系统中起着重要作用。

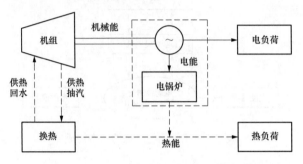

图 4-8　配置电锅炉的热电厂系统结构图

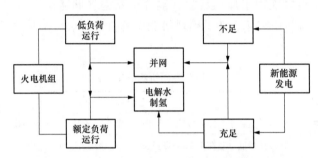

图 4-9　火电机组耦合氢储能示意图

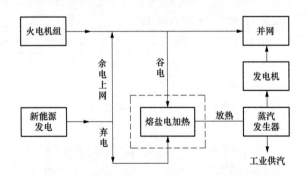

图 4-10　熔盐电加热用于新能源弃电及电网谷电消纳

第四节　机组耦合碳捕集装置的性能评估

我国的火力发电行业是二氧化碳排放的最大来源之一，基于我国煤炭为主的能源结构和火电为主的电力结构，在传统火电厂原有发电设备的基础上引入碳捕集系统，即形成碳捕集电厂具有重要的现实意义，同时，碳捕集利用技术也是可再生能源大力发展下新型电网实现碳中和目标的必然选择。

近年来，碳捕集利用技术应用于燃煤电厂得到了快速发展，表4-4列举了我国部分工程项目（数据来源于中国环境网）。据前文可知，从火电厂烟气中捕获和储存CO_2的燃烧后捕集技术是近期最有前景的CO_2减排策略，对于CO_2分离技术，化学吸收法目前发展最为成熟，也更加适用于当前燃煤电厂，即广泛采用的基于醇胺溶液吸收法（monoethanolamine，MEA）。图4-11为火电机组与碳捕集系统的耦合方式示意图。

表 4-4　　　　　　　　　　我国部分燃煤电厂碳捕集项目对比

地点	项目名称	捕集规模	捕集技术	时间
北京	华能北京热电厂碳捕集项目	3000t/a	燃烧后化学吸收	2008年
上海	华能上海石洞口电厂碳捕集项目	12万t/a	燃烧后化学吸收	2009年
天津	华能绿色煤电IGCC电厂碳捕集项目	10万t/a	燃烧前化学吸收	2015年
广东	华润海丰电厂碳捕集测试平台项目	2万t/a	燃烧后胺液吸收和膜分离	2019年
陕西	国华锦界电厂燃烧后CO_2捕集与封存全流程项目	15万t/a	燃烧后化学吸收	2021年
吉林	华能长春热电厂碳捕集项目	1000t/a	燃烧后化学吸收	2021年
甘肃	华能陇东基地先进低能耗碳捕集工程（在建）	150万t/a	燃烧后化学吸收	计划2023年投产

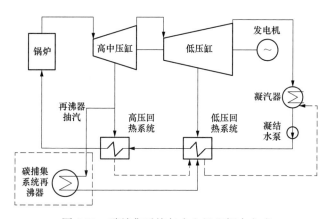

图 4-11　碳捕集系统与火电机组耦合方式

对于火电机组碳捕集系统，目前大多电厂采用汽轮机抽汽作为再生塔CO_2再生热源，所以针对现役火电机组燃烧后烟气碳捕集改造而言，对汽轮机进行合理的抽汽改造是耦合碳捕集系统的关键[80]。而为了满足MEA再生所需要的热量，理论上根据能量梯级利用原则应尽量选择低品位的汽轮机抽汽作为碳捕集系统再沸器的热量来源[81]，即从低压缸抽汽，但从燃煤电厂实际效果来看，此抽汽方式会带来一系列问题进而影响机组安全性和经济性，因此目前大多采用从高压缸或中压缸某级抽汽作为再生热源。同时由于从汽轮机的回热系统抽取了大量蒸汽作为再生热源，机组的做功能力相应减少，效率下降。对此，表4-5列举了针对耦合碳捕集系统后的机组性能，其中，刘骏等[82]分析了某300MW碳捕集机组在低压缸零出力方案下的性能变化，该方案通过降低碳捕集机组的最小出力负荷，极大增强了机组的调峰灵活性，同时也极大改善了新能源电力的消纳能力。赵红涛等[83]针对燃烧后胺法脱碳工艺捕集能耗高的问题，提出一种低能耗碳捕集系统，耦合低能耗碳捕集系统的燃煤机组电厂效率得到改善，热经济性明显提升。张利君[84]提出了不同的碳捕集耦合方式，对比发现采用添加小汽轮机的耦合方式能使碳捕集机组的净输出功提高 43.45MW，经济性也得到有效改善。

表 4-5　　　　　　　　　　耦合碳捕集系统后的机组性能

机组负荷	捕集技术	捕集规模/碳捕集率	性能参数	参考文献
300MW	单乙醇胺溶液（MEA）	碳捕集率90%	低压缸零出力方案下，机组最低出力负荷相比于原燃煤机组仅缩小了约1/5，极大增强了调峰灵活性，提升了新能源的消纳能力	[82]
600MW	集成级间冷却、机械蒸汽再压缩和富液分流解析3种节能技术的醇胺溶液吸收法	15 万 t/a	再生能耗有效降低，在捕集率为90%情况下，该系统电厂效率得到增加、煤耗降低、热耗率降低	[83]
600MW	贫乙醇胺溶液（MEA）	碳捕集率85%	添加小汽轮机后的系统净出力和发电效率都得到提升，发电成本和碳捕集成本均有所降低	[84]
660MW	单乙醇胺溶液（MEA）	—	提升机组负荷及初参数有利于改善系统热经济性；不同工况下烟性能也不同	[85]
660MW	钙基循环煅烧/碳酸化法	0.9t/MWh	烟江损失减少、烟江效率提升；实现了能量的协同转化和高效利用，热经济性良好；碳捕集成本和设备投资大大降低	[86]

综上所述，低碳模式将是未来我国电力行业实现可持续发展和助力碳中和目标实现的必由之路。碳捕集技术作为促进火电厂低碳发展的有效手段，具有广泛的发展前景。对当前火电机组而言，在承担调峰调频任务的基础上，合理利用碳捕集系统的优势，将会发挥出巨大的经济效益和社会效益。基于碳捕集系统的灵活性，将会在电网调频能力、可再生能源的消纳、综合能源系统等方面发挥显著作用[87]。

第五章

燃煤供热机组耦合储能装置的性能评估

目前，燃煤机组供热改造的方式主要为旁路供热改造、增加背压汽轮机、高背压改造、切缸改造等[88]旁路供热改造分为高压旁路改造，低压旁路改造及高低压旁路联合抽气供热。其中，高低旁路联合供热是通过高压旁路管道将部分主蒸汽直接输送至高压缸排汽端，然后经过锅炉再热器进入汽轮机再热蒸汽管道，随后经低压旁路前三通抽汽口经减温减压后作为热网加热器的补充气源。宣伟东等[89]就利用高低旁路联合抽气供热改造，在保障机组运行及供热安全、增加电厂经济收益的前提下，提高了机组调峰能力，具有很高的社会环保效益。高背压供热技术主要是提高汽轮机背压，从而使排气温度提高。高背压供热充分利用机组排汽的汽化潜热加热热网循环水，将冷源损失降为零，提高机组的循环热效率。戴昕等[90]利用高背压供热技术对 300MW 的机组进行改造，增加了供热和发电量，降低了平均发电煤耗和厂用电率。切缸改造又称"切除低压缸进汽供热技术"，是指在调峰期间，切除低压缸全部进汽用于供热，仅通入少量的冷却蒸汽，使低压缸在高真空条件下"空转"，实现低压缸"零出力"运行，从而降低汽轮发电机组强迫出力水平，增加机组的调峰能力；并且由于排汽全部用于供热，消除了冷源损失，具有良好的供热经济性[88]张钦鹏等[91]对 330MW 抽凝机组进行了切除低压缸运行的技术改造，改造后，机组可以在背压、抽凝、纯凝 3 种运行方式下灵活切换，增加了机组相同电负荷工况下的供热量，同时提升了机组供热工况下低负荷调度的灵活性。目前各种供热改造方式的效果不同，其应用的场合也不同，针对不同供热需求进行改造才是关键。接下来，本章将对上述三种改造方式，进行更详细的描述。

第一节　燃煤供热形式

一、高低压联合旁路改造

高低压旁路蒸汽对外供热技术利用高、低压旁路系统经过减温减压直接供热。其主要原理为：汽轮机在低负荷工况下，高旁投入，主蒸汽分两路，一路进入汽轮机做功，再由高压缸排汽至再热器；另一路经高压旁路通过减温减压直接进入再热器。通过在再热器入口和出口管道上选取合适的位置进行打孔抽汽（低旁），实现机组低负荷运行时从锅炉侧抽汽向外供热的功能。已有主蒸汽减温减压法单独依靠高压旁路供热或单独依靠低压旁路供热，分别受限于锅炉再热器冷却与汽轮机轴向推力，供热能力提升有限，单独使用均无法达到深度调峰要求。而高低压旁路联合供热技术可以在满足热负荷需求的同时达到70%调峰深度[92]。运行示意图如图5-1所示，其核心要点在于，采用高压旁路和低压旁路，使机组在低负荷时也可以正常运行。

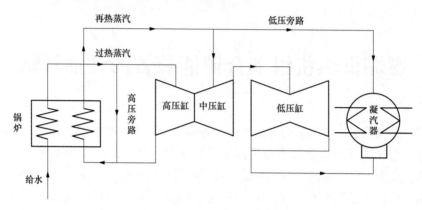

图5-1　高低压旁路蒸汽对外供热技术运行示意图

周国强等[93]在对350MW机组进行改造时采用了高低压联合供热改造，具体改造方案如下：改造原高压旁路和低压旁路使其满足供热抽汽需求。在高压旁路前、后设置电动截止阀（电动球阀），供热抽汽取自低压旁路阀后的旁路管道，抽汽工况时，利用高压旁路将部分主蒸汽旁路至高压缸排汽（高压排汽逆止门后），供热抽汽取自低压旁路，通过机组高背压改造时预留接口汇入采暖抽汽母管。供热改造方案原则性热力系统如图5-2所示。

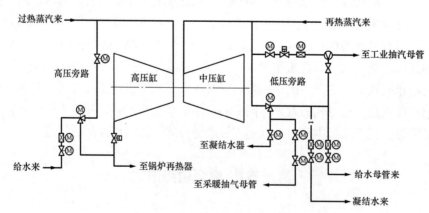

图5-2　联合旁路供热改造方案原则性热力系统

二、高背压改造

高背压供热改造以空冷机组的高背压改造为主。其原理是通过提高机组的运行背压，从而提高汽轮机的排汽温度，直接用汽轮机排汽来加热热网循环水进行供热。其供热示意图如图 5-3 所示。

王力等[94]针对某 300MW 供热机组的汽轮机特性及其所在热电厂的供热背景，分析了高背压改造存在的关键技术问题，提出了汽轮机本体及主要辅机的改造方案。改造后，机组在高背压及采暖抽汽工况下运行，汽轮机供热能力大幅增加，热经济性大幅提升，机组热耗水平大幅降低。不同供热工况下的机组供电煤耗最低可降至 151.04g/(kW·h)。机组冷源零损失，理论热耗率可达 3669.40kJ/(kW·h)，实际热

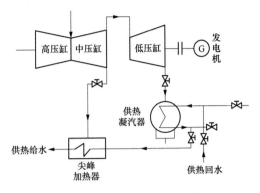

图 5-3　高背压供热示意图

耗率最低可达 3739.88kJ/(kW·h)，热电比高达 180% 以上。戴昕等[90]在对 300MW 机组进行改造时，采用了高背压改造技术，其改造方案如下：高背压供热改造工程按照循环水流量 6150t/h，供热负荷 407MW、一次管网温度 110/53℃ 设计，从 1 号汽轮机排汽管道抽出一部分乏汽至热网凝汽器对热网循环水回水进行一级加热，凝汽器疏水回收至 1 号机排汽装置。改造方案流程如图 5-4 所示。

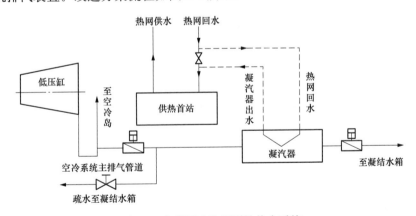

图 5-4　高背压改造原则性热力系统

采用高背压供热方式后，在相同电负荷下蒸汽流量低于中压缸供热方式，导致锅炉电耗降低；因低压缸排汽进入高背压凝汽器做功，空冷风机电耗下降较多达到 72.7%，在厂用电方面也是高背压优于原中压供热方式。

三、切缸改造

切缸改造目前该项供热改造技术已在东北区域、华北区域、西北区域的电厂广泛使用。但为了将低压缸鼓风所产生的热量带走，需要一直开启排汽缸喷水减温系统，大量蒸汽回流冲刷叶片出汽侧会造成汽蚀，长期运行会导致应力集中，削弱叶片的结构强度[88]。刘帅等[95]对 200MW 机组进行切缸改造，切除低压缸进汽，在相同锅炉蒸发量

的情况下，可增加采暖抽汽量约 140t/h，机组发电负荷可下降约 25MW。切除低压缸进汽，在保证相同供热能力的情况下，可降低机组发电负荷约 58MW，大大提高了机组深度调峰的能力，在满足供热、调峰的同时，减少了凝汽冷凝损失。张彦鹏等[96]在对 300MW 机组进行改造时，采用了低压缸进汽切除技术（切缸技术）将原连通管和供热蝶阀更换为新的连通管和全密封的蝶阀，并在连通管上增加旁路作为低压缸冷却蒸汽系统，运行过程中，关闭低压缸进汽管上的全密封的供热蝶阀，打开低压缸进汽旁路，低压缸维持较低的冷却蒸汽流量，其余低压缸进汽全部对外供热，最大程度利用抽汽进行供热。其系统图如图 5-5 所示。

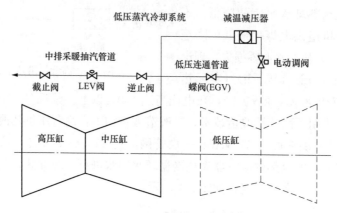

图 5-5 切缸改造原则性热力系统

在正常抽汽工况下，机组负荷上、下限实际值偏离设计值较大，而在进行过切缸改造之后机组负荷上限实际值与设计值偏差不大，最低负荷值升高，供热区间升高。供热机组在用电低谷阶段，通过关闭中低压缸导气管蝶阀，切除低压缸全部进汽，使低压缸"零出力"并在真空条件下以背压供热方式运行，实现机组深度调峰，达到"切缸"的目的。

第二节 性能评价参数

对于 350MW 机组的高低压联合供热改造，汽轮机高、低压旁路联合供热改造可大幅提高机组低负荷供热能力，热电解耦能力较强。该技术适当匹配高、低压旁路蒸汽流量，避免锅炉再热器温度超限和汽轮机轴向推力超限，技术安全可行。该技术投资小，但是直接将高品质蒸汽减温减压用于供热，热经济性较差。发电热耗率和发电煤耗率增加，能耗增加。改造后，20%THA 工况时，汽轮机最大供热抽汽流量为 228t/h，供热负荷为 154.96MW，发电热耗率为 9334.6kJ/(kW·h)，发电煤耗率为 349.7kJ/(kW·h)。对于 300MW 空冷机组高背压供热改造中，采用高背压供热方式后，在相同电负荷下蒸汽流量低于中压缸供热方式，导致锅炉电耗降低；因低压缸排汽进入高背压凝汽器做功，空冷风机电耗下降较多达到 72.7%，在厂用电方面也是高背压优于原中压供热方式。高背压投入后供热期平均发电煤耗相对下降 35g/(kW·h)，全年节煤量 3.157 万

t，其中空冷风机电耗下降较多。在此种供热方式下，经济效益显著提高。对于300MW的供热机组进行切缸改造，可减少机组负荷上限实际值与设计值的偏差，增强了调峰能力，提高了供热性能。此外，在对600MW机组进行改造时，王骐等[97]采用低压缸切除方式进行供热，机组调峰的能力大幅度提高，供热蒸汽质量流量相同的情况下机组负荷可以进一步降低。在相同供热蒸汽质量流量条件下，低压缸零出力供热改造前后，随着供热蒸汽质量流量的增加，机组发电功率逐渐增大，且低压缸零出力供热改造后可使汽轮机发电功率降低67～133MW；切缸改造后低压缸排汽质量流量大幅度减少，冷源损失随之减少，机组发电煤耗大幅度降低，切缸改造后可使汽轮机的热耗率降低800～900kJ/(kW·h)，对应发电煤耗降低量为35～48g/(kW·h)。不同改造方式具体的评价参数如表5-1所示。

表 5-1 　　　　　　　　　　　　**不同改造方式的评价参数**

评价参数	应用机组		
	350MW 机组[93]	300MW 空冷机组[90]	600MW 供热机组[97]
	高低压联合供热改造	高背压供热改造	切缸改造
发电热耗率	发电热耗率为 9334.6kJ/(kW·h)	相同负荷下，厂用电率下降 0.15%	热耗率降低 800～900kJ/(kW·h)
发电煤耗率	发电煤耗率为 349.7kJ/(kW·h)	发电煤耗相对下降 35g/(kW·h)	发电煤耗降低量为 35～48g/(kW·h)
供热性能	20%THA 工况时，汽轮机最大供热抽汽流量为 228t/h	可实现供热需求量约 281.6 万 GJ，比改造前单机增加供热 81 万 GJ	汽轮机发电功率降低 67～133MW
安全性	安全可行	安全可靠	有一定安全风险

在经济性方面，机组高低压旁路联合供热改造后，虽然机组热耗率、发电标准煤耗率有所增加，但机组调节容量也有所增加，具有良好的经济收益及应用前景，机组在进行高背压供热改造后，机组的电耗率和煤耗率均有所降低，低于传统供热方式机组煤耗，节煤效果显著，机组切缸改造后低压缸排汽质量流量大幅度减少，冷源损失随之减少，机组发电煤耗大幅度降低，经济效益显著提高；供热性能方面，机组在经过这三种改造方式之后，供热性能都得到大幅度提高；安全性方面，由于切缸改造需要通过全密封、零泄漏的供热蝶阀关断作用切除低压缸进汽，使得低压缸转子在高真空条件下"空转"运行，而完全真空目前无法实现，所以必须对冷却蒸汽进行减温处理才可避免叶片超温、胀差超限，安全性较差。

第三节　耦合储能形式

目前，我国在储能技术，包括蓄电池储能、储冷储热、超级电容器抽水储能、压缩空气储能、飞轮储能以及氢储能等技术的基础研发和工程化方面均取得了重大进展[98]。

本文将着重介绍燃煤机组与储热、蓄电、飞轮储能三种方式的耦合。

一、耦合飞轮储能

飞轮储能系统，又可以称为电动机械电池或飞轮电池，是一种能实现电能与机械能相互转换，同时可以储存机械能和输出电能的设备[99]。飞轮储能系统的主要构成元件包括高速飞轮、电力电子设备、永磁电动/发电机、真空室、磁轴承系统及其他附加设备等，飞轮储能系统具有能量密度高、环境友好、维修简单、循环寿命长、效率高等优点，主要用于应急电源电网调峰和频率控制[100]。隋云任等[101]在研究飞轮储能系统辅助300MW 燃煤机组调频中得出，采用飞轮储能装置辅助燃煤机组调频可以极大地提高调频质量并减少调频响应时间，大幅提高调频性能，能减少系统频率变化量约 1/2，同时减少输出功率波动和锅炉主蒸汽压力波动。何林轩等分析了飞轮储能辅助火电机组一次调频的效果，研究得出，飞轮储能的参与使系统在一定的阶跃扰动条件下的稳态频率偏差减少了 7.58×10^{-5} p. u.，使得在阶跃扰动条件下火电机组的稳态输出功率变化量减少了 1.517×10^{-3} p. u.[102]。洪烽等[103]提出了一种机组实时出力增量的量化预测模型，进而设计了火电-飞轮储能系统协同调频控制策略，实现了动态工况下飞轮储能出力的自适应调整。杨伟明[104]在研究超超临界机组时，构建了一种超超临界机组-飞轮火储联合系统参与电网调频，大大增强了超超临界机组的调频能力并减小汽轮机的出力波动，缩小主蒸汽压力波动。其系统结构如图 5-6 所示。

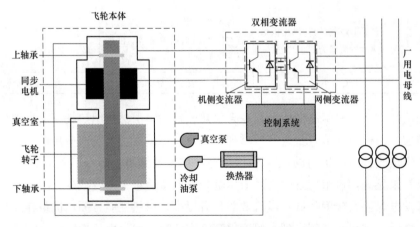

图 5-6　飞轮储能系统结构示意图

二、耦合熔盐储热

借助储热技术实现热电解耦，是提升燃煤机组调峰能力最经济可行的技术路线。储热装置内部的热量可以在不同温度、地点、容量需求时放出，解决能源分配与使用的不匹配问题[105]。根据热能储存方式的不同，可将热储能技术主要分为熔盐储热、潜热储热和化学储热等，其中熔盐储热被广泛应用于能源领域，它具有高温稳定性好、蒸气压宽泛、扩散能力和热容量较高等优点。邹小刚等[66]在研究 350MW 机组在不同耦合系统中的热力性能、调峰能力和熔盐用量，提出了最优的火电机组耦合熔盐储热深度调峰工艺系统，结果表明：储热过程电加热熔盐系统循环热效率为 33.2%，机组最低发电负荷可降低至 25% 以下，单位调峰深度熔盐流量为抽汽蓄热系统的 6.6%～31.2%，同时，其调峰响应速度快，工艺系统简单，安全性高。王惠杰[106]等运用双罐熔盐储热装置，引入塔式太阳能与燃煤电站耦合，可以显著降低燃煤机组煤耗，使得燃煤机组在 80%THA～90%THA 负荷下运行，煤耗降低率由 5.76% 提高到 15.54%。王辉等[107]提出百兆瓦级熔盐储能技术，在火电机组热力系统中的"锅炉-汽轮机"之间，嵌入大容量高温熔盐储热系统，实现热电解耦。火电机组耦合熔盐储热的工艺流程如图 5-7 所示。

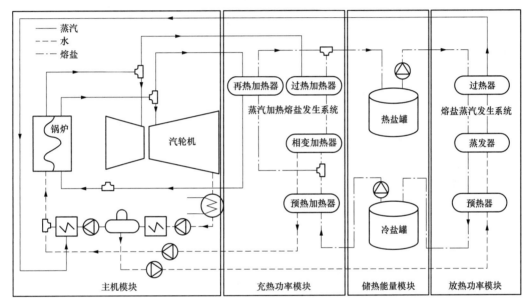

图 5-7　火电机组百兆瓦级熔盐储能工艺流程

三、耦合蓄电池储能

蓄电池储能是目前微电网中应用最广泛、最有前途的储能方式之一。蓄电池储能可以解决系统高峰负荷时的电能需求，也可用蓄电池储能来协助无功补偿装置，有利于抑制电压波动和闪变。然而蓄电池的充电电压不能太高，要求充电器具有稳压和限压功能。蓄电池的充电电流不能过大，要求充电器具有稳流和限流功能，所以它的充电回路也比较复杂[108]。铅酸蓄电池是由二氧化铅正极和海绵状纯铅负极组成，并且正、负极板浸入硫酸水溶液的电解液里。而铅炭电池是将容性碳材料加入铅酸电池中纯铅的负极板中而形成的新型储能电池[109]。

田景奇等[110]以 350MW 燃煤机组为例，提出一种风—光—蓄电—燃煤多能互补系统，在兼顾风电与光伏互补的基础上，还考虑了增设蓄电池的影响。结果表明通过设定蓄电池具体参数可将互补系统新能源电力消纳总量占比提高到 22.55%，提高风电消纳能力。其系统示意图如图 5-8 所示。燃煤机组耦合不同储能方式的结果，如表 5-2 所示。

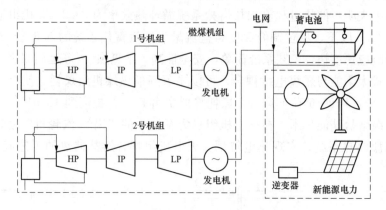

图 5-8　风-光-蓄电-燃煤多能互补系统示意

表 5-2　　　　　　　　　　　　燃煤机组耦合不同储能方式的结果

机组	耦合储能方式	耦合结果	文献
300MW	飞轮储能	调频质量提高，响应时间降低，发电效率提高，机组安全运行	[101]
超超临界机组	飞轮储能	机组调频能力大大提高，汽轮机出力波动减小	[104]
315MW 机组	飞轮储能	系统频率偏差的最大值降低了 32%，稳态偏差减少了约 30%。火电机组出力波动减少了 26%	[103]
350MW	熔盐储热	循环热效率提高，响应速度快，工艺简单，安全性高	[107]
600MW	熔盐储热	提高了燃煤机组灵活性，有效调节机组出力，较大程度拓宽机组运行区间	[111]
350MW	蓄电池	消纳能力提高，安全可靠	[112]

　　热储能技术主要是通过与汽轮机组的运行工质进行热量交换，以此实现与火电机组的热耦合；电化学储能技术、飞轮储能技术主要是利用汽轮机组做功发电从而驱动储能系统工作，以此实现与火电机组的电耦合。电化学储能技术目前正处于商业化阶段，但其经济成本较高，要想实现规模化应用，还需要进一步完善。热储能技术、飞轮储能技术均已完成基础研发，并开始进行商业化，虽然其经济成本较低，但限于技术和材料等问题，到目前为止并没有大规模普遍应用，总体还处于示范阶段[113]。

第四节　耦合碳捕集装置

一、二氧化碳捕集技术

　　CO_2 捕集技术主要分为燃烧前捕碳技术、燃烧后捕碳技术和富氧燃烧技术。燃烧前捕碳技术主要应用于 IGCC 电站，现阶段 IGCC 电站成本高、可靠性差。富氧燃烧技术需要使用高浓度的氧气，而制氧技术能耗和成本较高。燃烧后捕碳技术是目前较多采用的脱碳方式，燃烧后碳捕集的方法主要有 4 种：吸收法、吸附法、低温法、膜分离法。

其中吸收法研究较多，技术也相对成熟。吸收剂的选择以乙醇胺（MEA）为主[114]。利用 MEA 溶液捕集 CO_2 的一般流程为：经过脱硝脱硫的烟气进入吸收塔与贫乙醇胺溶液混合，吸收烟气中的 CO_2，处理后的烟气排入大气，吸收了 CO_2 的乙醇胺富液在再生塔中吸热放出 CO_2，这些 CO_2 通过压缩等处理被收集起来，放出 CO_2 的富液变为贫液再次进入吸收塔，完成一个循环。其基本的流程如图 5-9 所示。

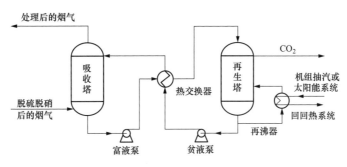

图 5-9　碳捕集系统流程图

二、燃煤机组耦合碳捕集系统

王立健等[115]针对火电机组碳捕集系统中 CO_2 再生的高能耗问题，首先通过理论分析确定了碳捕集机组再生热源可行的抽汽方式，并以我国现役的 600MW 火电机组作为碳捕集系统研究的基准机组，根据醇胺法碳捕集系统再生模块的能耗需求分析可行的抽汽点。耦合方式图如图 5-10 所示。

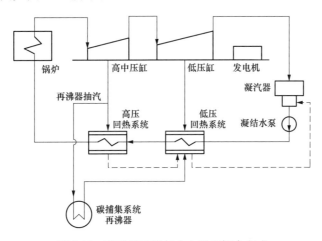

图 5-10　碳捕集系统与火电机组耦合方式

结果表明在最佳运行方案下碳捕集机组发电效率最高，机组热耗最低，分别为 34.91% 和 10 305.22kJ(kW·h)，与基准机组在同工况下的运行参数相比，碳捕集机组的发电效率降低了 7.65%，机组热耗增加了 1851.44kJ/(kW·h)。赵文升等[116]针对碳捕集系统对燃煤机组热力性能方面的影响，以 600MW 超临界汽轮机组为研究对象，研究燃烧后碳捕集的再生能耗，提出基于碳捕集的太阳能辅助燃煤机组热力系统集成方案，阐述该集成系统碳捕集的工作原理和吸收机理，对比分析太阳能碳捕集集成系统较传统碳捕集系统在热力性能方面的优势。利用系统灵敏度分析法，计算太阳能集热器价格波动时在成本上与之相抗衡的煤价，为实际中燃煤机组碳捕集集成方式的选定提供依据。结果表明：在碳捕集率为 85%，日照辐射强度为 $500W/m^2$，其他参数相同的情况下，太阳能碳捕集系统和传统燃煤碳捕集系统的热效率分别为 43.604% 和 38.238%。

第六章

燃煤机组掺烧污泥的运行特性及优化研究

污泥掺烧处理方式在环保、热量和经济收益方面均有一定的优势。污泥焚烧是降解有机物，实现污泥稳定化、减量化的一种有效方法，它能破坏污泥中含有的有机质，杀死病原体，并最大限度地降低污泥体积和质量，对环境友好。各类污泥的干基热值均大于 6000kJ/kg，干污泥具有很好的可焚烧性，能够获得大量热量满足燃烧要求。各地针对污泥处置费的补贴标准有所不同，各个城市的污泥焚烧成本也有所差别，上海需要160 元，江苏需要 200 元；此外，若考虑污泥折掺烧所获的电价补偿，还会产生一部分额外的收益。

城镇污泥通常分为湿污泥和干污泥，处理污泥时务必根据污泥的不同特性选择对应的处理方式。对于循环流化床锅炉和炉排炉，湿污泥可以直接掺入炉膛燃烧。污泥的成分复杂、含水量高，流化床焚烧技术能高效处理污泥，目前在我国的应用范围较广。对于煤粉炉，湿污泥进入炉膛需要通过喷枪雾化后再喷入，要将含水量为 80% 的污泥混合大量的水稀释成泥浆，这就需要向炉内喷入大量的水，对锅炉燃烧和受热面换热的影响很大。污泥干化后掺烧是目前普遍采用的处理方法，是将湿污泥先放入干燥车间进行干化，然后与原煤以一定比例掺混后送入锅炉燃烧，此工艺已在不少电厂中得到应用。

第一节　大比例掺烧干化污泥对锅炉内燃烧的影响

当前研究主要关注煤粉锅炉掺烧含水率较高的湿污泥对锅炉系统带来的影响，且掺烧比较低；而污泥经干化处理后热值升高，满负荷下大比例掺烧污泥具有可行性，从而可进一步提高污泥的资源利用化率。为此，本节对 630MW 四角切圆煤粉炉，采用Fluent 对其进行燃烧模拟。模拟满负荷下大比例掺烧干化污泥的影响，探讨燃煤锅炉满负荷下掺烧大比例污泥量的可行性及掺烧大比例污泥量对燃煤锅炉带来的影响，旨在为燃煤锅炉满负荷下提高掺烧干化污泥比例提供可行的指导方向。

数值模拟的计算域包括燃烧器入口到炉膛出口的流体域，故在 Solidworks 三维建模软件按照 1∶1 的尺寸比例将四角切圆锅炉炉膛的流体域提取出来。Fluent 模拟所用模型采用 ICEM 软件划分网格，如图 6-1（a）所示。根据炉膛结构特点，将其划分为 5

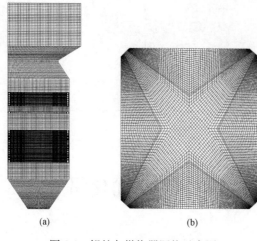

(a)   (b)

图 6-1 　锅炉与燃烧器网格示意图

（a）锅炉网格示意图；（b）燃烧器网格示意图

个区域：冷灰斗区、主燃区、还原区、燃尽区和炉膛上部区域。模型中风口适当简化，对各区域几何模型进行结构化网格划分，各连接面使用 interface 进行数据交换。主燃区和燃尽区布置有喷口，为避免伪扩散的发生，该区域网格线方向与流动方向趋于一致。为提高模拟精确度，对燃烧器区域网格进行加密处理，网格如 6-1（b）所示。该划分方法可根据各区域不同的尺寸划分成不同大小的网格，即可在保证网格质量的基础上大大减少网格数量，从而有效缩短计算时间。

模拟选用煤种为设计煤种—活鸡兔矿烟煤，选用含水率 20％的干化污泥进行掺烧。表 6-1 为烟煤与污泥样品的元素分析与工业分析。干化污泥固定碳含量和发热量远远小于烟煤，灰分含量过高，因此，提高污泥掺烧比势必对炉膛内燃烧过程产生较大影响。

表 6-1 煤与干化污泥的煤质分析

项目	烟煤	干化污泥
$C_{ar}(w/\%)$	63.25	19.63
$H_{ar}(w/\%)$	3.40	3.32
$O_{ar}(w/\%)$	11.18	11.19
$N_{ar}(w/\%)$	0.64	3.21
$S_{ar}(w/\%)$	1.68	0.7
$A_{ar}(w/\%)$	7.04	41.95
$M_{t}(w/\%)$	14	20
$V_{daf}(w/\%)$	33.19	87.05
$Q_{ar.net}(MJ \cdot kg^{-1})$	23.39	7.28
$Q_{d.net}(MJ \cdot kg^{-1})$	24.50	9.73

模拟中，所有工况均采用低位发热量计算燃料质量，每层燃烧器采用相同比例掺烧干化污泥。满负荷下过量空气系数为 1.2，共包括 5 个工况，其中，工况 1 为不掺烧污泥的基准工况，工况 2～工况 5 依次对应掺烧污泥比为 10％、20％、30％和 40％。因提高掺烧比将导致单台磨煤机出力上升，除 40％掺烧比例工况投入 6 台磨煤机外，其余各工况均投入下层（A～E 层）5 台磨煤机。各模拟工况具体参数如表 6-2 所示。

图 6-2 是满负荷下干化污泥掺烧比对炉内速度场的影响。速度场是模拟中的重要环节，速度场模拟的好坏直接关系到温度场、烟气浓度场等分布。对于四角切圆锅炉燃烧的数值模拟，其速度场一般需要满足切圆燃烧锅炉的流场特性，其中心假想切圆不应偏

表 6-2　　　　　　　　　　　　满负荷下不同掺烧比模拟工况

工况	污泥掺烧比（%）	一次风量（kg/s）	二次风量（kg/s）	燃尽风率
1	0	130	436	0.3
2	10	137	435	0.3
3	20	144	432	0.3
4	30	151	435	0.3
5	40	176	411	0.3

斜，与实际大小应相符合；一、二次风风速的模拟结果应与实际相符，满足这些条件才能说明速度场初步模拟成功。通过燃烧器中心截面的速度场和温度场可以看出，四角切

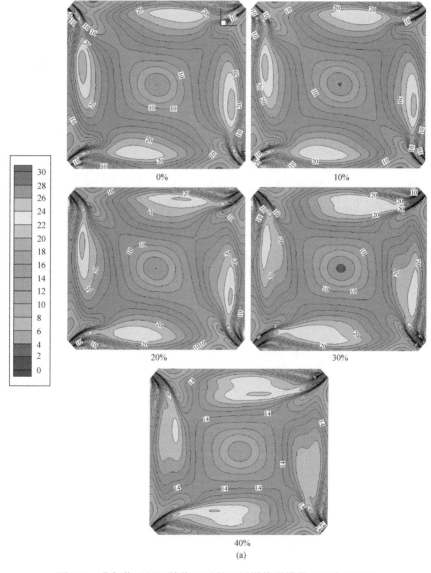

图 6-2　满负荷下污泥掺烧比对最下层燃烧器横截面速度的影响
和满负荷下污泥掺烧比对炉膛截面速度的影响（一）

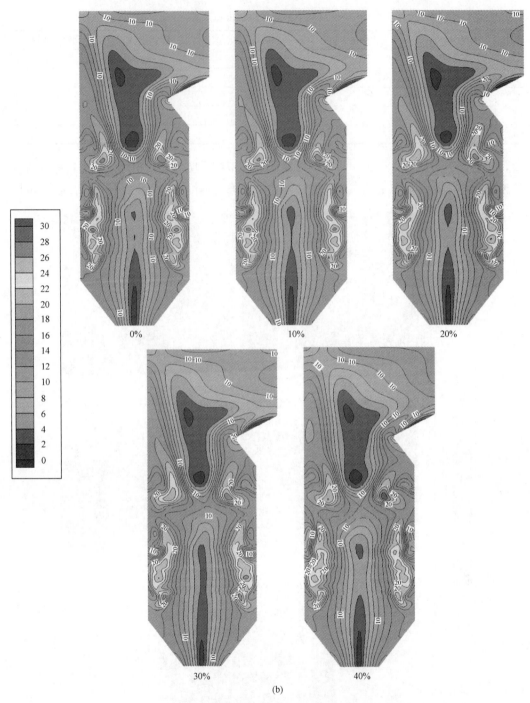

图 6-2　满负荷下污泥掺烧比对最下层燃烧器横截面速度的影响
和满负荷下污泥掺烧比对炉膛截面速度的影响（二）

圆布置的燃烧器的流动特点得到充分体现：由于四角布置，烟气四角对冲在炉膛中心形成向上的主气流，旋转上升；可以看出上升气流的速度约为 15m/s，在炉膛内的充满程度比较好，且分布较为合理；随着锅炉高度不断增加，上升气流速度有所提高。由于

一、二次风的补入，各层燃烧器间的相互作用较为明显，燃料的燃烧造成主燃烧区速度场和温度场在炉膛高度方向有所波动。由于二次风速度较高，其刚性较强。底层二次风的作用是防止煤粉的离析，承载火焰，使之不过分下冲至锅炉底部，并且防止未燃烧的煤粉颗粒直接掉入灰斗，对锅炉运行产生影响。炉膛主燃烧区内切圆形成较好，未出现切圆的偏斜情况。流场在近壁面附近，速度较低，而切圆中心速度也较低，在离壁面约1/4炉膛宽度距离处速度达到最大，且壁面未出现气流冲墙状况，与实际运行情况相符。由图 6-2（b）可以看出，燃尽风 SOFA 的刚性较强，并且由于二次风切圆方向相反，这使得未燃尽的掺混燃料在炉膛的燃烧器上部区域得到混合增强，在其燃烧的后期加快了燃烧速率，总燃料的燃尽率得到提高，并且可以有效削弱炉膛出口的残留旋转气流，减弱了锅炉热偏差。为了保证进入炉膛的燃料低位总热量一致，随着污泥掺烧比增大，污泥掺烧量逐渐增多。在工况 1～工况 4 下，采用 A～E 共 5 层燃烧器掺烧污泥。为了保证磨煤机出力，随着污泥掺烧比的增大，逐渐增大各层一次风量。随着掺烧比例的增大，一次风速逐渐提高，而二次风速略有下降。而工况 6 的污泥掺烧比例较高，为保证磨煤机出力，工况 5 采用 A～F 共 6 层燃烧器掺烧污泥，所以该工况下各层一、二次风速较低，但由于采用 6 层燃烧器，主燃区气流充满性较好。

图 6-3 为满负荷下干化污泥掺烧比对炉内温度场的影响。可知随污泥掺烧比增大，各层燃烧器中心截面平均烟温呈下降趋势。以最下层燃烧器为例［见图 6-3（a）］可知，主燃烧区域温度分布较充分，未出现高温烟气刷墙现象，且煤粉燃烧距离较为适中。燃烧器横截面内形成一个环状高温区，中心位置温度较低，切圆燃烧组织合理。随掺烧比增大，燃烧器截面温度整体下降，高温区逐渐向燃烧器出口方向回缩，40％掺烧比工况下截面平均烟温最低，高温区最小。这是因为干化污泥热值远低于烟煤，随掺烧比增大，混合燃料的热值持续下降，混合燃料燃烧特性变差。为保证锅炉负荷相对稳定，各工况投入炉膛的总燃料低位热值保持一致，混合燃料量随掺烧比同向变化，一次风量随之增大，不完全燃烧程度提高，致使燃烧器截面平均烟温下降。另外，随着掺烧比增大，混合燃料中挥发分和水分含量也逐渐上升，而固定碳含量则持续下降。挥发分析出燃烧时间很短，0.1s 左右就能燃烧完全，燃料中的挥发分在距离燃烧器出口很近的位置就析出燃烧完全，而固定碳燃烧时间较长，这就导致随污泥掺烧比的增大，燃烧器横截面上高温区域逐渐缩小并向燃烧器出口方向靠近。图 6-3（b）为炉膛中心截面温度分布图。最下层一次风中心高温区较小，随高度升高，各层一次风中心高温区面积增大。这是因为，随着高度增加，二次风与燃烧的不断补充和燃烧，随着反应的进行炉膛内平均温度逐渐上升，高温区增加，切圆变小。在近壁面区域内，温度较为适中，未出现壁面高温区。而随掺烧比增大，炉膛整体平均烟温下降，火焰中心逐渐上移，燃尽区上方区域温度升高，其中 40％掺烧比工况最为明显。这是因为提高掺烧比后，燃料量及一次风量逐渐增大，致使燃烧推迟；另外燃尽区补入大量空气，使得 CO 和剩余焦炭继续燃烧，因而炉膛上方区域烟温水平提高。

总体来说，由图 6-3（b）可以看出，各工况下温度场分布均较为合理。沿炉膛的宽度方向可以看出，炉膛温度左右分布较为均匀合理，这将有利于降低前后墙水冷壁热负荷偏差；在炉膛主燃烧器区域，温度分布较为均匀，并且可以看出随着炉膛高度的增加，烟气温度有所上升；而锅炉炉膛内的高温区在上层燃烧器到燃尽风区域之间，这也与实际锅炉运行情况相符合；顶层的 SOFA 燃尽风的作用是压住火焰，减小气流的旋转强度。当燃尽风补充进入炉膛后，由于大量燃尽风进入炉膛造成烟气温度有所下降，后随着炉膛高度的增加，未燃尽的燃料反应放热，烟气温度又有所上升；但是随着水冷壁的吸热效果，烟温又会有所降低。大量燃尽风补充之后，可以发现切圆基本消失，炉膛上部热负荷较为均匀。总体来说，煤粉和污泥颗粒通过一次风气流进入炉膛后，能够迅速被点燃，这可保证煤粉颗粒和污泥颗粒的快速着火和充分燃尽。

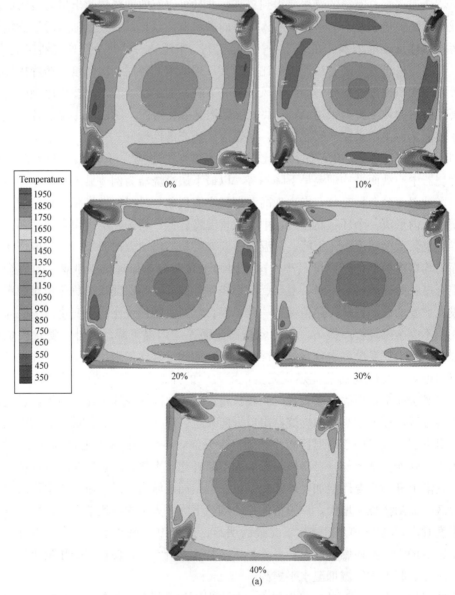

图 6-3　满负荷下污泥掺烧比对最下层燃烧器横截面温度
的影响和满负荷下污泥掺烧比对炉膛截面温度的影响（一）

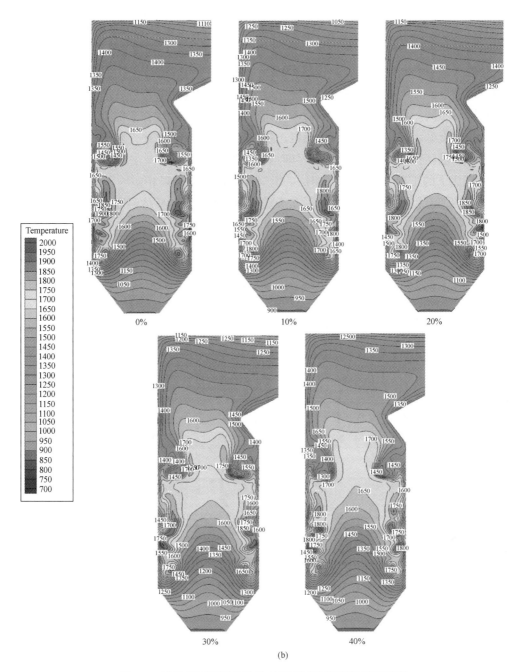

图 6-3 满负荷下污泥掺烧比对最下层燃烧器横截面温度
的影响和满负荷下污泥掺烧比对炉膛截面温度的影响（二）

第二节 不同负荷下污泥掺烧比的影响

现阶段燃煤机组深度调峰频率及程度不断增大，低负荷下掺烧污泥的可行性及掺烧量也有待研究。本节研究变负荷下污泥掺烧比对炉膛燃烧和污染物排放的影响。图 6-4 为变负荷下污泥掺烧比对炉膛内平均烟温的影响。随锅炉负荷降低，炉内平均烟温下降，炉膛火焰中心高度下移，高温区域缩小，尤其是 50% 负荷，在主燃区以上区域内烟温下降明显。在同一负荷下，随掺烧比增大，炉膛火焰中心位置逐渐上升，其原因与满负荷下时相同，但上升程度随负荷下降而愈发不明显，原因在于随负荷下降主燃区空气过量系数上升，掺烧比增大对主燃区过量空气系数的影响变小。随负荷降低，增大掺烧比例对主燃区内烟温的影响程度逐渐增大。如图 6-4 所示，在主燃区内，满负荷下 20% 掺烧比下的工况与基准工况相比，燃烧器截面平均烟温相差约 30K，而在 50% 负荷下，平均烟温相差约 60K。其原因在于随负荷降低，炉内整体温度水平下降，同时主燃区过量空气系数有所提高，炉膛内热容量下降，低负荷下燃料热值变化对主燃区烟温的影响被放大。

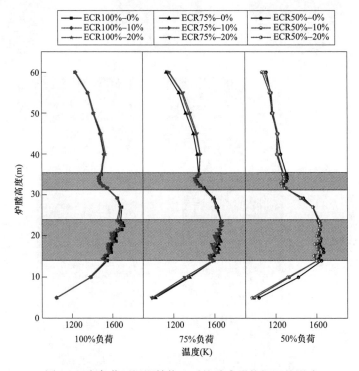

图 6-4　变负荷下污泥掺烧比对炉膛内平均烟温的影响

图 6-5 为变负荷下污泥掺烧比对炉膛内烟气组分的影响。沿炉膛高度方向上，在主燃区高度范围内，中心截面平均烟温随主燃区过量空气系数增大而逐渐下降，而 CO 浓度主燃区过量空气系数增大而逐渐减小，但氧量变化不明显，原因在于虽然增大了主燃区过量空气系数，但主燃区始终处于缺氧燃烧状态。在主燃区上方的燃尽区，温度变化趋势与主燃区内相反，是因为在增大主燃区过量空气系数的情况下，为了维持炉膛出口氧量不变，会相应减小燃尽风量，使得烟气变化趋势发生反转。但在补入燃尽风后，氧气和 CO 浓度变化趋势未发生改变，原因在于增大主燃区过量空气系数后，虽然燃尽区

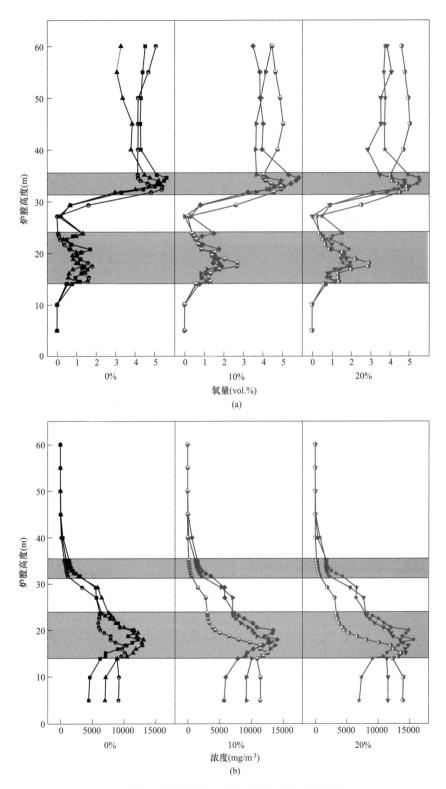

图 6-5　变负荷下污泥掺烧比对炉膛内烟气组分的影响（一）

（a）变负荷下污泥掺烧比对炉膛内烟气组分的影响；（b）相同掺烧比例下不同负荷 CO 浓度沿炉膛高度方向分布；

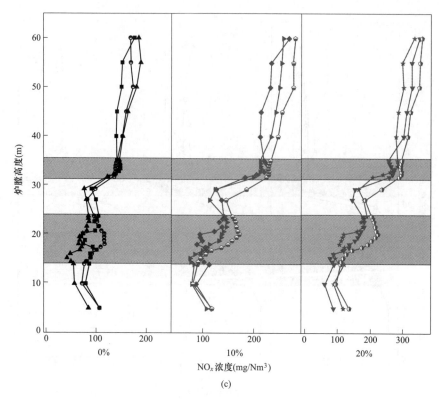

图 6-5　变负荷下污泥掺烧比对炉膛内烟气组分的影响（二）

（c）相同掺烧比例下不同负荷 NO_x 浓度沿炉膛高度方向分布

风量下降，还原性气氛增强，但主燃区内的未燃尽颗粒和 CO 的浓度都呈现下降趋势，整体高度上 CO 浓度的变化趋势一致。

沿炉膛高度方向上，NO_x 浓度随主燃区过量空气系数增大而逐渐增大，与 CO 浓度变化趋势相反，这是由于还原性气氛会抑制 NO_x 的生成。主燃区空气量较大时，相应在燃尽区的风量越小，还原性气氛越强，NO_x 浓度下降较快。因此，控制氮氧化物的生成，需要平衡不同区域内的氧量，需要合适的主燃区过量空气系数。

图 6-6 比较了各工况下炉内特征参数及炉膛底部固体可燃物质量流量，横坐标表示对应锅炉负荷百分比下掺烧比工况（如 100%-20%表示在 100%锅炉负荷下掺烧比为20%）。由图 6-6（a）可知：相同负荷下，随掺烧比增大，炉膛出口烟温呈现先降后升的趋势，出口烟温在 10%掺烧比下最低，这是因小比例掺烧干化污泥可改善混合燃料的燃尽特性；当进一步提高掺烧比后，燃烧推迟导致火焰中心上移，炉膛出口烟温随之提高。在不同锅炉负荷下，污泥掺烧比对炉膛出口烟温的影响程度相差不大，尤其是当负荷处于较低水平时（50%负荷），停用上 3 层燃烧器，掺烧污泥对炉膛出口烟温影响程度不明显，少量掺烧污泥可改善炉内燃烧状况，这是因为单台磨煤机燃料量增多，增大了一次风燃料浓度。

图 6-6（b）和 6-6（c）对比了各工况下炉膛底部固体可燃物质量流量和炉膛出口CO 浓度。由图 6-6 可知，同一负荷下，随掺烧比例增大，这两种参数的变化与炉膛出

口烟温变化一致，其原因也与炉膛出口烟温变化原因相同；随负荷降低，炉膛底部固体可燃物质量流量和炉膛出口CO浓度下降明显。图6-6（c）表明，CO浓度变化与过量空气系数和燃尽风比例有关，过量空气系数随负荷降低而上升，而50％负荷下燃尽风比例下降也为主燃区提供了更多的空气量。主燃区过量空气系数提高，下层二次风托底作用得到增强，炉膛底部固体可燃物质量流量随负荷下降呈下降趋势。

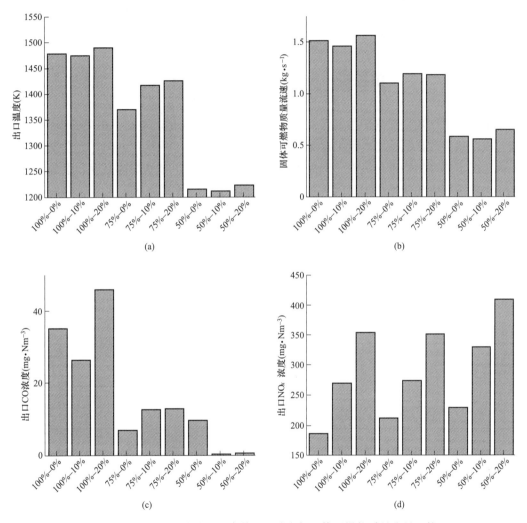

(a)

(b)

(c)

(d)

图6-6 不同工况炉膛出口参数及炉膛底部固体可燃物质量流量比较

（a）炉膛出口温度；（b）炉膛底部固体可燃物质量流量；（c）炉膛出口CO浓度；（d）炉膛出口NO$_x$浓度

在高负荷下增大掺烧比对炉膛内燃烧影响程度较小，但应采取相应措施降低火焰中心高度。可适当提高炉膛过量空气系数，这对炉膛内煤粉燃烧起积极作用，可显著提高炉膛出口燃尽率。而低负荷下炉膛整体温度较低，同时炉膛出口烟温远低于其他工况，为保证脱硝系统安全运行，应采取措施提高火焰中心高度，提高炉膛出口烟温。可见，停用A层燃烧器，投入D层燃烧器，可提高炉膛出口烟温约40K。图6-6（d）表明，随掺烧比增大，炉膛出口NO$_x$浓度总体呈现上升趋势：在同一负荷下，掺烧比增大后

炉膛出口 NO_x 浓度提高，且提高幅度在低负荷下更为明显。在同一掺烧比下，炉膛出口 NO_x 浓度随锅炉负荷降低而增大。其原因包括：①随负荷降低，主燃区内平均烟温下降，燃料型 NO_x 生成量减少，但 50％负荷时过量空气系数提高，主燃区内氧量明显提高，促进燃料型 NO_x 生成；②随掺烧比增大，燃料燃烧推迟、火焰中心上移，导致空气分级燃烧效果下降，同时造成燃尽区抑制 NO_x 生成能力下降；③干化污泥氮元素含量较高，掺烧比例增大导致主燃区内燃料型 NO_x 生成量大幅度提高。因此，50％负荷下掺烧 20％比例工况的炉膛出口 NO_x 浓度最高。

第三节　煤粉锅炉掺烧污泥优化研究

本节针对四角切圆锅炉掺烧污泥后的锅炉燃烧状况优化，展开了相关的模拟研究，通过改变量空气系数、二次风配比等方法，找到不同工况下的优化方向，为燃煤锅炉在不同工况下提高掺烧干化污泥比例提供可行的指导方向。上节从炉内温度和组分分布证明了满负荷下大比例掺烧干化污泥的可能性，但由于 40％掺烧比工况下燃料量明显增多，风量分配与其他工况存在较大差别，为此需进一步分析该工况下燃尽风系数对炉内燃烧的影响。应通过改变主燃区与燃尽区风量的比例，研究不同燃尽风系数对锅炉燃烧以及污染物排放的影响。在满负荷 40％干化污泥掺烧比例工况（a5）的基础上，增加两个工况，燃尽风系数分别为 0.2、0.3 和 0.4，对应工况 6、工况 5 和工况 7，见表6-3。

表 6-3		不同主燃区过量空气系数掺烧模拟工况			
工况	负荷（％）	污泥掺烧比（％）	一次风量	二次风量	燃尽风系数
6	100	40	176	411	0.2
5	100	40	176	411	0.3
7	100	40	176	411	0.4

图 6-7 是燃尽风系数对温度场的影响。以最下层燃烧器为例，由图 6-7（a）可以看出，随燃尽风系数增大，燃烧器截面温度整体下降明显，高温区逐渐缩小。

由图 6-7（b）可以看出，各工况下炉膛的平均温度随炉膛高度变化趋势相同，在燃尽区以下，平均温度随着炉膛高度上升而上升，最高温度出现在最上层二次风和燃尽风之间的还原区内。但随着燃尽风系数增大，温度呈下降趋势，原因在于主燃区缺氧程度增大，燃烧愈发不充分，使得烟气温度下降。随燃尽风系数升高，主燃区过量空气系数下降，沿炉膛高度方向上，燃尽区及以下区域内的平均烟温逐渐降低，而在燃尽区顶部以上区域内烟温分布呈现相反趋势。其中，工况 6 与工况 5 在主燃区内温度较为接近，较工况 16 温度有明显下降。而工况 7 在折焰角高度附近出现了一个温度峰值，说明在该区域产生了二次高温燃烧区。其原因是主燃区未完全燃烧程度过高，飞灰颗粒含有大量焦炭，在燃尽风喷口上方发生剧烈的二次燃烧。由图 6-7（b）可知，燃尽风系数提高后，炉膛上方温度有明显上升，燃烧延后、火焰中心上升的现象愈发明显。采用过高燃

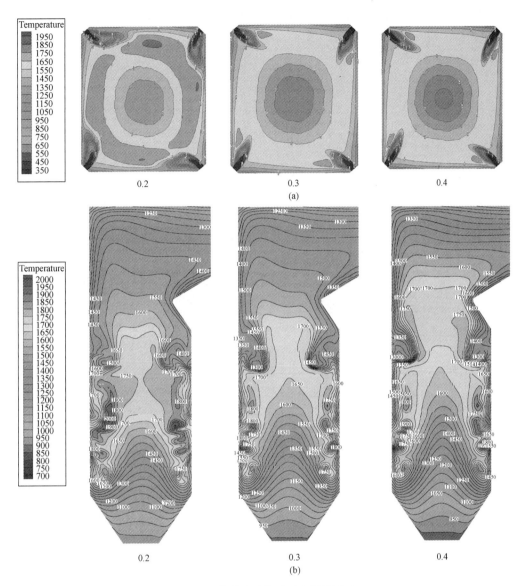

图 6-7　燃尽风系数对温度场的影响

（a）最下层燃烧器截面温度示意图；（b）炉膛中心截面温度示意图

尽风系数容易引起屏式过热器高温结渣爆管。

　　图 6-8 为燃尽风系数对沿炉膛高度方向上平均烟温和烟气组分分布的影响。沿炉膛高度方向上，在主燃区高度范围内，中心截面平均烟温随燃尽风系数增大而逐渐下降，而 CO 浓度随燃尽风系数增大而逐渐增大，氧量始终较低，原因在于主燃区始终处于缺氧燃烧状态，随燃尽风系数增大，主燃区过量空气系数降低，缺氧燃烧程度增大。在主燃区上方的燃尽区，温度变化趋势与主燃区内相反，是因为在增大燃尽风系数的情况下，燃尽区风量变大，使得烟气变化趋势发生反转。此外，在补入燃尽风后，氧气和

CO 浓度变化趋势未发生改变，原因在于增大燃尽风系数后，主燃区过量空气系数下降，还原性气氛增强，未燃尽颗粒和 CO 的浓度都呈现上升趋势，整体高度上 CO 浓度的变化趋势一致。

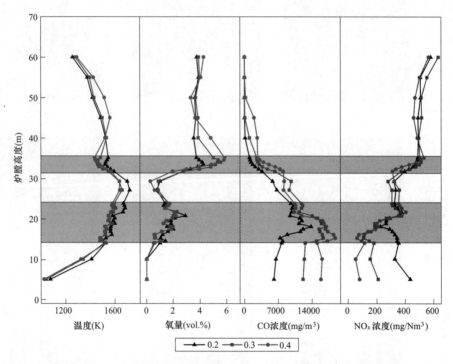

图 6-8　燃尽风系数对沿炉膛高度上平均烟温和组分分布的影响

沿炉膛高度方向上，NO$_x$ 浓度随燃尽风系数增大而逐渐减小，与 CO 浓度变化趋势相反，这是由于还原性气氛会抑制 NO$_x$ 的生成。主燃区空气量较大时，相应在燃尽区的风量越小，还原性气氛越强，NO$_x$ 浓度下降较快。因此，控制 NO$_x$ 的生成，需要平衡不同区域内的氧量，需要合适的燃尽风系数。

炉膛出口参数及炉膛底部固体可燃物质量流量如表 6-4 所示。随燃尽风系数增大，炉膛底部固体可燃物质量流量与炉膛出口 CO 浓度这两个特征参数均呈上升趋势，出口温度逐渐上升。由图 6-8 也可以看出，燃尽风系数过高时，燃烧推迟、火焰中心上移的情况愈发严重。当燃尽风系数为 0.4 时，下炉膛出口 CO 浓度远远高于其他两个工况；而炉膛出口 NO$_x$ 浓度随燃尽风系数增大呈现下降的趋势，一方面在于燃尽风系数增大，主燃区内不完全燃烧程度增强，主燃区温度下降的同时 CO 浓度上升，还原性气氛变强，NO$_x$ 浓度下降；另一方面燃尽风量增大降低了燃尽区温度，抑制了 NO$_x$ 的生成。综上，增大燃尽风系数会导致炉膛出口 NO$_x$ 浓度下降；此外，当燃尽风系数过高时，还原性气氛过高还致使灰熔点下降，加重炉膛结焦现象的发生，对于大比例掺烧污泥工况，应合理选择燃尽风系数。综合炉内燃烧状况和污染物排放特性，推荐污泥掺烧比为 40% 时燃尽风系数采用 0.3。

表 6-4　　　　　燃尽风系数对炉膛出口参数及炉膛底部固体可燃物质量流量的影响

燃尽风系数	出口温度 （K）	CO 浓度 （mg/m³）	炉膛底部固定碳流量 （kg/s）	NO 浓度 （mg/Nm³）
0.2	1479	8.22	0.93	487.34
0.3	1492	74.47	1.63	453.21
0.4	1561	804.42	2.06	431.20

　　通过改变主燃区二次风的配风方式，研究不同配风方式对锅炉燃烧以及污染物排放的影响。在满负荷 40% 干化污泥掺烧比例工况（工况 5）的基础上，增加两个工况，二次配风方式分别为束腰配风、均等配风和鼓腰配风，对应工况 8、工况 5 和工况 9。见表 6-5。

表 6-5　　　　　　　　　　不同主燃区过量空气系数掺烧模拟工况

工况	负荷（%）	污泥掺烧比（%）	一次风量	二次风量	二次配风方式
8	100	40	176	411	束腰配风
5	100	40	176	411	均等配风
9	100	40	176	411	鼓腰配风

　　图 6-9 为二次配风方式对沿炉膛高度上平均烟温和组分分布的影响。图 6-9 可以看

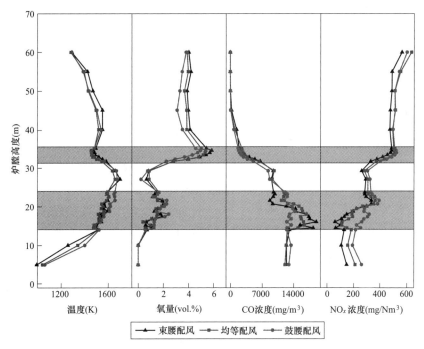

图 6-9　二次配风方式对沿炉膛高度上平均烟温和组分分布的影响

出，各种配风方式的工况均在炉膛主燃区内形成了高温区域，其中鼓腰配风条件下的温度相对较高。三种二次风配风方式的烟气温度峰值均在主燃区与燃尽区高度之间。采用鼓腰配风时，主燃区中部较大的风量使得污泥与煤的掺混燃料在相对充足的氧气条件下充分燃烧，主燃区的烟气温度相对较高。鼓腰配风在主燃区 NO_x 浓度峰值远高于其他二次风配风工况，而束腰型配风在主燃区的 NO_x 浓度峰值最低。这主要由于鼓腰配风在主燃区中部二次风量较大，充足的氧含量使得还原性气氛减弱，NO_x 浓度高，而束腰配风与之相反。

燃尽风系数对炉膛出口参数的影响如表 6-6 所示。束腰配风方式的炉膛出口 NO_x 浓度最低，同时，飞灰含碳量较低，而炉膛出口温度相对较高。鼓腰配风炉膛出口温度最低，原因是鼓腰配风下炉膛主燃区燃烧较为充分。满负荷大比例掺烧工况下，由于炉膛出口 NO_x 浓度最低，且对炉膛出口温度影响较小，推荐采用束腰配风；而在低负荷掺烧工况下，采用鼓腰配风可以保证投用的燃烧器中部氧量充足，可以有效提高主燃区温度，稳定燃烧。

表 6-6　　　　　　　　　　　　燃尽风系数对炉膛出口参数的影响

配风方式	出口温度（K）	CO 浓度（mg/m³）	NO 浓度（mg/Nm³）
束腰配风	1503	56.52	425.56
均等配风	1492	74.47	453.21
鼓腰配风	1475	47.93	509.17

为实现双碳目标，中国能源结构进入深度调整期。一方面清洁高效地利用传统能源是实现高效化、低碳化能源消费的必然要求。热电联产模式因其能源利用率较高而在大中型燃煤机组中得到广泛应用[117]。另一方面需要控制碳排放，燃煤电厂是 CO_2 的主要排放源，因此从电厂烟气中捕集回收 CO_2 是缓解 CO_2 排放危机最直接有效的手段之一[118]。

将储热装置耦合在燃煤热泵供热机组中，能够增加热电负荷的调节范围、降低煤耗。储热罐存储的热量一般来自热电联产机组发电余热、风电、太阳能发电等低碳热能或廉价热能，其最大储热时间一般为几小时到几天。热水储热系统主要利用水的显热来储存热量。储热设备主要采用储热水罐，储热罐的型式有多种。热水储热罐的主要功能如下：

（1）实现热电解耦，使热电联产机组具有深度调峰灵活性运行的能力；
（2）实现热源与供热系统的优化与经济运行；
（3）热网系统中热源与用户之间的缓冲器；
（4）备用热源；
（5）紧急事故补水系统定压。

本文着重探讨储热在耦合碳捕集燃煤热泵供热机组系统中的应用，对耦合碳捕集燃煤热泵供热机组系统主要结构建立数学模型并进行相应的热力学分析，研究储热和碳捕集的特性以及调节储热对燃煤机组的热电负荷范围的具体影响，希望对现有机组的相关参数进行优化提供参考。当今，燃煤机组因耗能严重并生成大量 CO_2，不符合低碳节能的要求，导致发展受到限制。而双碳目标的提出，使得燃煤机组的低碳化、清洁化成为必然趋势[119]。同时随着风电、光伏等新能源电力的大力发展，新能源装机容量占比日益提高[120]。但是由于新能源间歇性、波动性的特点以及产生的弃风弃光现象，给电网调节控制、安全运行等诸多方面带来了不利影响。为了解决上述问题，对传统燃煤机组进行灵活性改造，充分发挥火电燃煤机组较好的稳定性能和调节能力，对新能源电力进行消纳的同时，并应用碳捕集技术和储能技术，实现传统化石能源的低碳排放。目前应用于燃煤电厂的储能技术主要包括储热、蓄电、压缩空气储能等[121]。放眼众多储能技术，储热技术与蓄电池技术是当前以及未来重要的发展方向。储热技术利用储热介质进行热量的储存和释放，主要用于燃煤电厂的调峰领域，其调峰机理为在低负荷时段，将不上网的低谷电力转换成热（或者高参数蒸汽），储存起来供热，增加高峰期供热能力。大容量储热参与电力系统调峰，可以提高能源系统跨时空优化配置能力，作为一种灵活可控负荷，能够改善电力系统的调节能力[122]。蓄电池技术具有启停更迅速、运行更灵活、受环境影响更小的突出优势，发展十分迅速，得到广泛研究和应用[123]。因此，将蓄电池储能应用在耦合碳捕集燃煤机组中，兼顾系统电能安全生产与低碳排放，是提高机组灵活性、保障电网稳定性的一种新思路。近年来，对蓄电池储能参与燃煤机组发电优化等方面的研究已不在少数。通过总结现有文献可知，蓄电池储能在燃煤机组中主要有以下三方面应用，一是辅助火电燃煤机组提升自动发电控制（automation generator control，AGC）水平，将其响应时间从分钟级缩短至秒级；二是缓解燃煤机组调峰压力，通过电池将能量存储或释放，实现对电网负荷的削峰填谷；三是辅助新能源并网，对解决高比例新能源消纳和提高电网稳定性都有积极作用。例如，赵东声等[124]为解决火电机组消纳风电时因频繁调节而产生的损耗问题，引入碳捕集装置并与梯级水电联合优化，对包含风电、梯级水电、传统机组以及碳捕集机组的风水火联合系统建立多目标优化调度模型。赵红涛[125]从热经济性上分析了 3 种不同工艺的低能耗碳捕集装置对燃煤机组的影响，结果说明了采用低能耗碳捕集系统可使电厂热经济性指标得到显著改善。巴黎明等[126]针对当前燃煤机组面临调频压力巨大的现状，建立了电储能系统与燃煤发电机组联合响应辅助调频的仿真模型，指出储能调频应用能够延长设备寿命，不会给机组运行带来安全隐患。Miao 等[127]提出了一种预测风电的蓄电池储能策略，建立了联合风储系统经济效益优化模型，结果发现，进一步耦合储能装置有利于深度挖掘其消纳新能源电力的潜力。

第七章

燃煤机组耦合生物质的碳排放和经济性分析

目前我国的电力装机结构以燃煤机组为主，截止到 2020 年底我国全口径煤电装机容量首次下降至 50％以下，但煤电机组作为我国电力行业的压舱石，在将来相当长的一段时间内不会改变。习近平总书记在 2020 年联合国大会上郑重提出了"30·60"的双碳目标，电力行业作为全国二氧化碳排放的重点行业，其碳减排的任务十分艰巨[128]。根据《国务院关于印发 2030 年前碳达峰行动方案的通知》中规划布局，我国在"十四五"时期将严格合理控制煤炭消费的增长、加快煤炭减量步伐。预计到 2025 年，非化石能源消费比重升至 20％左右，单位国内生产总值能源消耗将比 2020 年下降 13.5％，单位国内生产总值 CO_2 排放将比 2020 年下降 18％，为实现碳达峰奠定坚实基础。

我国燃煤发电减排工艺技术路线主要包括三方面：煤电升级减排改造技术、燃煤机组耦合有机固废焚烧技术、煤电碳捕集利用和封存（CCUS）技术。现有技术条件下，烟气脱碳技术成本较高，且捕集的 CO_2 还没有很好的利用方式，因此现阶段燃煤机组大规模 CCUS 技术还难以推广。生物质在燃烧和发电利用过程中不产生碳排放，因此掺烧生物质可以显著降低燃煤机组碳排放。燃煤机组耦合有机固体废物（包括生物质、污泥、垃圾等）焚烧发电技术能充分利用已有烟气净化等设备、降低电厂设备投资，是适用于我国燃煤机组低碳发展现状的优选方案。在欧洲和北美等地得到了大量成功的应用，荷兰 Amer 电厂，英国 Ferribridge C 电厂、Drax 电厂、Fiddler's Ferry 电厂等均进行了成功的生物质耦合改造，其中 Drax 电厂的 660MW 机组已实现了 100％纯燃生物质的改造[129]。我国大型燃煤锅炉耦合生物质发电技术尚处于示范运营阶段，比较典型的有山东十里泉电厂、宝鸡二电和荆门电厂，主要原料为农作物废弃物。截至 2020 年，我国各类生物质发电总装机 2952 万 kW，位居世界第一[130]。

现有燃煤机组仅需适当改造就可以掺烧生物质和固废，以实现 CO_2 快速减排，促进炉侧燃料灵活性转变。生物质储量丰富，具有清洁可再生、反应活性好等特点。对于固废类生物质，如禽畜粪便、污泥及废弃油脂等的能源化利用可使其无害化、资源化，利于环境治理。此外，农林类生物质中挥发分较高，与煤混燃能改善燃烧性能，有助于机组低负荷稳燃并促进其向更低负荷调峰[131]。

本章主要通过建立燃煤耦合生物质工艺模型和经济性模型，评估和对比不同类型生物质在直接耦合发电方式下的经济性和碳减排影响。利用 Aspen Plus 软件构建了直接耦合发电的燃煤锅炉系统，然后以 300MW 燃煤锅炉发电机组为例，分析了秸秆类和污泥类生物质在直接耦合发电方式下的排放特性和经济特性的影响。

第一节　生物特性与掺混方式

一、生物质特性

目前我国生物质资源年产量约为 34.94 亿 t，作为能源开发潜力折合约 4.6 亿 t 标准煤。我国生物质资源以秸秆、动物粪便和林业剩余物、生活垃圾为主，还包括少量的污水污泥和废弃油脂，如图 7-1 所示。禽畜粪便等便类生物质的主要特点为高水分、低灰分、相对较低的热值等，主要用于沼气发酵和生产肥料饲料。其中，2020 年畜禽粪便干重产量约为 18.7 亿 t，沼气化利用仅为 2.11 亿 t。秸秆具有挥发分高、固定碳低、低硫、低灰分等特点，是良好的清洁燃料，但缺点是分布较分散、能量密度低，其供应受季节波动较大。秸秆和林业剩余物的能源化利用主要包括直燃和厌氧发酵。其中，我国秸秆资源年产量为 8.29 亿 t，但能源化利用的数量仅有 8821.5 万 t，林业废弃物能源化利用量不足 3%。图中生活垃圾年产量为 3.1 亿 t，主要通过焚烧、热解和气化等方式进行资源化利用，其中以垃圾焚烧处理为主，约为 1.43 亿 t，年利用量约 46%。到 2020 年底，我国城市、县城两级共有 4326 座污水处理厂，污水处理能力达到 2.304 亿 m^3/年，产生的干污泥产量约 1400 万 t；污泥含有大量有机污染物、病原微生物、重金属和恶臭气体，具有高水分、低热值、高灰分以及较高的重金属含量等特点；污泥的有机质高达 30%～40%（干基质量分数），干化后可燃性较好，具有废弃物和生物质资源双重属性[132]。

生物质燃料的物理化学性质与煤差异显著，表 7-1 为典型农林生物质与煤的理化性质比较。不同类型生物质与煤，同一种生物质之间，在工业分析、元素分析和发热量上也有较大不同，如表 7-2 和表 7-3 所示。农林类生物质的挥发分/固定碳比例更高，灰分相对较低，但碱金属含量显著高于煤。生物质普遍具有高水分的特点，在利用前需要适当的脱水和烘干。上

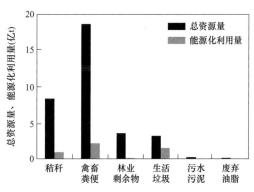

图 7-1　我国生物质资源量和能源化利用量现状[133]

述差异使得生物质在炉内热解、着火和燃烧阶段的特点与煤相比有着较大的区别：①与煤相比，生物质挥发分较多，因此热解温度和着火温度更低，挥发分燃烧的热量贡献比显著增加，导致生物质火焰更接近燃烧器；②干燥后的生物质单位质量热值低，氧含量较高，燃烧后火焰温度较低，同时由于生物质可磨性较差，颗粒粒径普遍大于煤颗粒，因此生物质易出现残碳量偏高的问题；

③农林类生物质灰分相对低，但其中含有更多的碱和碱土金属，易造成炉内腐蚀、结渣和沾污等现象[134]。

表 7-1　　　　　　　　　　　　生物质和煤的物理化学性质比较[134]

项目	密度 (kg·m⁻³)	粒径 (mm)	V_d(%)	C_d(%)	O_d(%)	$S_{t,d}$(%)	$\omega(SiO_2)$ (灰渣中)(%)	$\omega(K_2O)$ (灰渣中)(%)	可磨性	$Q_{net,d}$ (MJ·kg⁻¹)
生物质	约500	约3.0	70~80	42~54	35~45	≤0.5	23~49	4~48	低	14~21
煤	约1300	约0.1	10~40	65~85	2~15	0.5~7.5	40~60	2~6	高	23~28

表 7-2　　　　　　　　　　　煤与稻秆和水葫芦的基础分析数据对比[135]

材料	工业分析（%）				元素分析（%）					发热量 (MJ·kg⁻¹)
	M_{ad}	A_{ad}	V_{ad}	FC_{ad}	C_{ad}	H_{ad}	N_{ad}	$S_{t,ad}$	O_{ad}	$Q_{b,ad}$
实验用煤	1.16	13.04	28.92	56.88	70.16	3.74	1.30	0.75	9.85	28.91
实验稻秆	8.85	8.40	66.11	16.64	41.44	5.94	0.92	0.16	34.33	16.63
水葫芦	10.26	14.13	52.37	23.24	32.00	4.28	1.10	0.41	37.82	12.30

表 7-3　　　　　　　　　　　　各类污泥的基础分析数据[136]

材料	工业分析（%）				元素分析（%）					发热量 (MJ·kg⁻¹)
	M_{ar}	A_d	V_d	FC_d	C_d	H_d	N_d	$S_{t,d}$	O_d	$Q_{gr,d}$
煤制烯烃含油污泥	83.00	46.83	42.75	10.42	29.01	1.31	2.45	0.74	19.66	10.58
废水处理厂污泥	78.69	43.4	54.82	1.78	37.39	4.42	1.33	0.99	12.47	16.75
煤气化污泥	95.53	15.12	61.98	22.9	49.19	5.84	8.12	2.04	19.69	20.35

二、生物质耦合发电方案与应用

耦合发电可以利用低碳和零碳原料大幅度降低燃煤机组的 CO_2 排放量，利用已有机组的发电设备和环保系统，通过少量改造进行耦合发电。目前燃煤机组主要使用的低碳原料是生物质，包括农林废弃物、污泥、生活垃圾、禽畜粪便等。耦合发电能够充分利用现有燃煤机组的存量优势降低 CO_2 的排放，是目前我国燃煤机组低成本实现碳减排的有效途径。根据原料与燃煤机组的耦合途径，耦合发电方式可以分为间接耦合、并联耦合和直接耦合三种。

间接耦合是将生物质燃烧或气化后生成的气体引入锅炉发电，湿垃圾、禽畜粪便及废弃油脂类生物质通常采用此种耦合方式。根据利用产物的方式可分为利用气化燃气热值和利用燃烧后烟气热量两种方式。利用生物质气化后的燃气热值技术较为成熟，国内已有国电荆门、华电襄阳、大唐长山等工程案例；而利用生物质燃烧后的烟气热量方式则较为少见。间接耦合发电拓展了耦合原料的范围，可以做到耦合原料与原煤灰渣的分离，实现更高的混燃比，但由于需要建设配套的生物质气化装置，建设成本相对较高。

并联耦合是煤与生物质分别采用燃煤锅炉和生物质锅炉独立燃烧，两者产生的蒸气并联进入机组热力系统耦合发电。并联耦合发电在三种耦合形式中的耦合比例最大、原料适应性最好，还能实现耦合原料与煤灰渣的彻底分离，有利于实现灰渣的梯级回收利用，并且改造时仅需考虑燃煤机组热力系统的裕量。但是并联耦合方式处理耦合原料的热力系统参数较低，因此其发电效率低于间接耦合发电，例如用 300MW 机组处理生活垃圾时，发电效率较间接耦合方式低约 2%[137]。在改造费用方面，并联耦合发电方式仅节省了发电机系统，投资成本在三种耦合方式中是最高的。

直接耦合是将预处理后的生物质原料与煤一同送入锅炉燃烧。直接耦合发电的改造成本最低，适合耦合氯和氟含量低的原料。间接耦合发电的改造成本略高；并联耦合发电改造及维护成本最高，但不存在政策和环保风险；从改造成本和可操作性方面分析，直接耦合技术与煤燃烧技术最接近，成本最低，具有一定的竞争优势。

生物质和煤可以按照以下 5 种方案进行直接耦合，如图 7-2 所示[136]。方案 1 是生物质送入备用磨煤机中碾磨后，以机械或气力输送的形式途经部分煤粉管道后通过煤粉燃烧器进入锅炉。此时，生物质原料的燃烧发生在炉膛内，只需解决好与煤粉混合时的燃料分配、反窜、堵塞问题即可，不会影响煤粉的燃烧。方案 2 是生物质原料经简单处理后进入机组原磨煤机与原煤共同磨制后通过已有的煤粉管道和煤粉燃烧器进入炉膛燃烧。这是改造成本最低的方案，但可能会因为不同燃料之间的差异，引起诸如磨煤机堵塞或出力下降等问题。通常，在不进行重大设备改造的情况下，方案 1 和方案 2 可实现最高 10% 的耦合。由于生物质和煤的可磨性不同，磨煤机很难将生物质磨制为与煤粉相同的粒径，方案 1 和方案 2 可能会对原制粉系统的出力产生影响。方案 3 和方案 4 是生物质燃料先经过专用的生物质锤磨机，然后喷入煤粉管道中或直接喷入煤粉燃烧器中，该两种方法需要改造的设备较多，成本相应增加，但混烧比例可达 20% 甚至更高。方案 5 是生物质原料经专用设备处理后，经专用的输运管道和燃烧器送入炉膛，此时耦合原料的制备和燃烧完全独立于原煤，较大提高了耦合原料的比例，且可避免方案 3 和方案 4 可能产生的生物质燃料堵塞煤粉输送管道的问题，但投资成本最高。燃煤电厂不同耦合方案的工艺对比如表 7-4 所示。

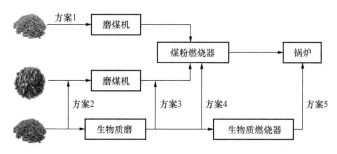

图 7-2　大型煤粉炉直接耦合生物质发电方案[136]

在生物质耦合方面，循环流化床（CFB）锅炉相对于煤粉锅炉具有部分优势。循环流化床需要的燃料粒径范围大，原料适应性广，在中低温（850～900℃）下也可以维持稳定燃烧，被认为是实现高比例生物质掺烧最可行的技术之一[138,139]。生物质基本不需要粉碎，只需破碎后经气力输送送入炉内直燃，无需较大改造，成本低廉。借助 CFB 锅炉良好的燃尽性能，原料燃烧充分，灰渣可以回收利用，实现生物质原料高效燃烧，同时增加环境效益。针对生物质引起受热面腐蚀的问题，可适当降低炉膛燃烧温度，使烟气温度低于生物质灰熔融温度。

表 7-4   燃煤电厂耦合生物质不同工艺对比[136]

项目	生物质直接耦合				
	方案 1 （备用磨煤机和管道）	方案 2 （共磨工艺）	方案 3 （共管工艺）	方案 4 （独立喷燃煤粉燃烧器）	方案 5 （独立喷燃专用燃烧器）
工艺流程	利用锅炉备用给煤机、磨煤机、管道实现生物质的磨制、输送	成型的生物质在煤场与煤预混，在磨煤机中与煤共同制粉后送至燃烧器燃烧	生物质单独破碎后，送入煤粉的送粉管道中，混合后进入燃烧器燃烧	生物质经独立设置的粉碎机后，喷入燃烧器中燃烧	生物质由专用粉碎机粉碎，喷入主燃烧区的专用燃烧器中燃烧
改造范围	增加储料场，锅炉无改造，对锅炉主辅设备无影响	增加储料场，锅炉无改造，对锅炉主辅设备无影响	增加生物质磨以及输送管道，改造较小，对组影响较小	增加生物质磨以及输送管道，改造较小，对于机组影响较小	增加生物质磨、输送管道以及专用燃烧器，改造较大
掺烧量	掺混比例 5%～10%，受限于磨煤机出力	掺混比例 5%～10%，受限于生物质自燃及磨煤机出力	掺混比例最高可达 20%，受限于生物质自然	掺混比例可达20%甚至更高	掺混比例可达20%甚至更高
投资成本	低	低	略高	略高	最高

项目	生物质间接耦合	并联耦合
工艺流程	生物质在气化炉中气化产生燃气，送入锅炉专用燃烧器中燃烧	生物质在专门的生物质燃烧锅炉中产生蒸气，与燃煤产生蒸气一同推动汽轮机发电
改造范围	添加独立气化炉，燃煤锅炉布置专用燃烧器	添加独立生物质燃烧锅炉以及汽轮机进汽管道
掺烧量	掺混比例 3%左右	理论上最高 100%
投资成本	新增设备多、成本较高	成本最高

在工程实践方面，国外燃煤机组耦合生物质发电起步较早，单机耦合容量从 5MW 至 700MW；国内起步较晚，但近几年在双碳政策驱动下发展较快。国外直接耦合发电的耦合原料以木质类原料为主，木质类原料具有热值高、灰分低、碱金属及氯含量低，以及易于规模化等优点，具有较大的直燃耦合比例。我国耦合发电的原料主要以污泥、农林废弃物、生活垃圾等可燃固废为主。受制于国家相关的补贴政策和技术因素，2018 年国家能源

局批准的 84 个生物质耦合发电项目中，建设完工的项目以污泥项目为主[130]。

三、耦合生物质对燃煤机组的影响

间接耦合和并联耦合的发电方式由于采用了独立的原料处理系统，因此不会影响原机组的制粉及燃烧系统。直接耦合发电方式需要解决农林生物质原料的破碎、研磨和输送等问题，以及污泥类生物质的预处理、干燥和输运等问题。对于农林类生物质，当耦合比例较小时，可以对磨煤机不进行改造或只进行局部改造，但耦合比例较高时则需要额外增设原料理系统。农林废弃物、污泥、生活垃圾等可燃固废存在的性质差异，也决定了在选择耦合处理方案上必须做到"因料而异"。

对于直接耦合燃煤机组，由于生物质单位体积热值较低、含氧量高，燃煤锅炉掺烧生物质后，会造成燃料体积及烟气量变化，进而对燃料输运储存处理、燃烧和受热面安全都产生影响，其影响程度随掺混比例提升而逐渐增大，因此掺烧比例有一定的上限。无论是干燥后的秸秆、木质成型颗粒、散料和污泥类生物质，单位热量所需燃料体积都显著高于典型动力煤。对于干燥后的秸秆和木制成型颗粒，单位热量产生的烟气量略高于动力煤，而对于自然干燥的散料或未经干燥的生物质，其烟气量显著高于动力煤。成型的生物质颗粒与普通动力煤相差较小，因而对锅炉本体的改造量较小。为提高掺烧比例，需要对生物质燃料进行必要的干燥及预破碎或成型化处理。

燃煤机组（煤粉炉或 CFB 锅炉）直燃耦合生物质时，会降低煤的着火温度、燃尽温度以及相应的活化能，改善煤的燃烧性能[128]。这主要与煤和生物质耦合燃烧时，快速升温引发的协同效应有关。生物质普遍具有较高的碱、碱土金属（AAEMs）和含氢有机物。挥发性无机 AAEMs 在生物质脱挥发分过程中会被释放出来，促进碳氢化合物金属络合物的形成，促进煤炭热解，这种效应称为"催化协同效应"。在炉内，生物质中纤维素和半纤维素先热解产生 H_2 和 H、OH、CH_3 等富氢活性自由基，与煤热解产生的自由基结合，促进煤炭热解，这种效应称为"非催化协同效应"。在工业锅炉的炉膛内生物质燃料粒径、进料位置等因素对协同效应的影响以及哪种协同效应占主导，仍需要进一步研究，以确定最佳原料组成和耦合比例，从而改善整体的燃烧性能[140,141]。

污染物排放性能研究表明，生物质掺烧比例 6%～20% 时，随着掺混量增加，NO_x 和 SO_2 排放量降低。NO_x 降低可能有两方面原因：①掺烧生物质后炉膛内温度降低，可抑制部分热力型 NO_x 生成；②生物质挥发分较高且其中的氮元素主要以氨基形式存在，当生物质在上层燃烧器口送入炉膛还原区时，热解过程产生大量 CH_i 和 NH_i 基团，通过再燃和热力脱硝，可将煤燃烧产生的 NO_x 还原为 HCN 和 N_2[142]。SO_2 排放量降低可能是被生物质中富含碱金属的底灰和飞灰颗粒所捕获。

第二节　耦合生物质的经济性分析

一、概况

生物质耦合发电是一种高效的可再生低碳能源利用方式，依托现役燃煤电厂系统进行发电，可以减少农林废弃残余物露天焚烧引起的大气污染，同时降低燃煤电厂的碳排放，是优化能源资源配置、推动社会绿色低碳发展的重要举措。

国家对生物质发电项目制订了相关优惠政策，生物质耦合发电项目的电价、电量与税收优惠等可以参照并尽可能获得政策支持。电价政策方面，农林废弃物耦合发电项目中农林废弃物产生的发电量价格参照执行《国家发展改革委关于完善农林生物质发电价格政策的通知》（发改价格〔2010〕1579 号），上网电价统一执行 0.75 元/（kW·h）。由于相关政策的发布时间较早，建议按照最新行业情况，完善和规范生物质耦合发电项目中生物质发电价格政策。电量政策方面，生物质耦合发电属于可再生能源利用，可参照执行《国家发展改革委关于印发〈可再生能源发电全额保障性收购管理办法〉的通知》（发改能源〔2016〕625 号），其中生物质发电产生的上网电量由电网企业全额收购。生物质发电产生的上网电量不占用煤电机组的计划电量，生物质发电容量不抵扣煤电机组的额定发电容量。增值税优惠政策方面，生物质耦合发电项目可按照《关于印发〈资源综合利用产品和劳务增值税优惠目录〉的通知》（财税〔2015〕78 号）纳入增值税优惠目。满足以下要求：产品原料或者燃料 80% 以上来自文件所列资源；纳税人符合《锅炉大气污染物排放标准》（GB 13271—2014）、《火电厂大气污染物排放标准》（GB 13223—2011）或《生活垃圾焚烧污染控制标准》（GB 18485—2001）规定的技术要求，即可享受增值税即征即退。

为定量计算生物质耦合的经济性和排放性特征，本文以一个 300MW 的燃煤电厂为研究对象，利用 Aspen Plus 软件搭建了生物质直接耦合的燃烧过程，研究了耦合农作物稻秆、水葫芦和污泥三个用料时系统的排放特性。

二、工艺流程模型搭建

本章参照文献搭建 300MW 煤粉锅炉 Aspen Plus 模型[143]，所用煤样和生物质的工业分析和元素分析及发热量数据如表 7-5～表 7-8 所示[135,136]。为分析不同类型的生物质的掺烧特性，本文输入到 Aspen Plus 中的生物质分别为生物质颗粒（由稻秆制成）、生物质散料（30% 水分，由水葫芦制成）、生物质散料（25% 水分，由稻秆制成）、干燥后剩余含水量 5%、20% 和 40% 的污泥。

表 7-5　　　　　　　　　　　用料的工业分析

项目	参数	粉煤	成型颗粒（稻秆）	水葫芦	污泥
工业分析	$M_{ar}(\%)$	10.0	8.85	30.00	95.53
	$V_d(\%)$	45.7	72.53	58.36	61.98
	$FC_d(\%)$	45.1	18.26	25.90	22.90
	$A_d(\%)$	9.2	9.22	15.74	15.12

该 300MW 燃煤电厂的 Aspen Plus 流程如图 7-3 所示。首先，湿煤粉进入干燥区（RStoic），通过一次空气（AIR1）干燥。然后，煤进入闪蒸模块（Flash2），去除系统中的部分 H_2O。接下来，干燥后的物料在 DECOMP 模块（Ryied）中热解，并通过

表 7-6   用料的元素分析

项目	参数	粉煤	稻秆	水葫芦	污泥
元素分析	$A_d(\%)$	9.2	9.20	15.74	15.12
	$C_d(\%)$	67.1	45.44	35.66	49.19
	$H_d(\%)$	4.8	6.51	4.77	5.84
	$N_d(\%)$	1.1	1.01	1.23	8.12
	$Cl_d(\%)$	0.1	0.00	0.00	0.00
	$S_d(\%)$	1.3	0.18	0.56	2.04
	$O_d(\%)$	16.4	37.65	42.14	19.69

表 7-7   用料的硫分析

项目	参数	粉煤	稻秆	水葫芦	污泥
硫分析	S_p	0.6	0.07	0.21	1
	S_s	0.1	0.04	0.035	0.04
	S_o	0.6	0.07	0.21	1

表 7-8   用料的发热量分析

项目	粉煤	稻秆	水葫芦	污泥
干燥基低位发热量 Q_{net}(MJ/kg)	25.03	18.24	12.40	20.36

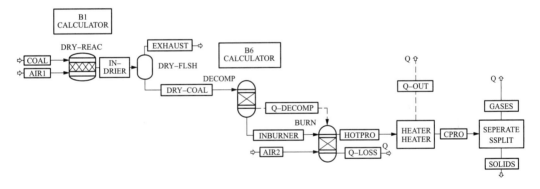

图 7-3 Aspen Plus 流程图

计算器模块分析热解产物。吉布斯反应器（RGibbs）用于模拟燃烧过程，空气用作氧化剂，当吉布斯自由能处于其最小值时，化学反应完全结束。通过加热模块（Heater）后，灰和气体在分离块（SSplit）中分离。

本文建立的 Aspen Plus 流程基于以下五个假设：

（1）过程分为四个顺序步骤：煤粉干燥、热解、燃烧和烟气除尘；

（2）所有模块均处于稳定运行状态，参数不随时间变化；

（3）空气和煤粉在反应器中均匀混合；

（4）在煤热解过程中，O、H、N 和 S 物质蒸发成气相，C 元素转化为纯焦炭，而灰分不参与燃烧过程中的化学反应；

（5）C的燃尽率为99.8%并且假设C的未燃烧部分被喷射到灰中。

三、耦合生物质的炉温与污染物分析

为验证本文搭建模型，利用文献中给定的数据，通过输入300WM发电机组的参数，得出模拟数据，然后和相同条件下工业参数进行对比[143]。根据表7-9中数据，可见该流程较好地贴近了实际过程，可以用于下一步耦合生物质的研究。

表7-9   模型验证数据

项目	文献值		模拟值	
燃气温度（℃）	130		130	
气化炉温度（℃）	1789		1774	
压强（kPa）	101.3		101.3	
组分	质量流量（kg/h）	质量分率（%）	质量流量（kg/h）	质量分率（%）
H_2O	72 577.35	3.9	71 647.73	3.9
N_2	1 295 920	70.4	1 296 131	69.8
O_2	65 677.57	3.6	62 613.66	3.4
NO_2	6.09	3.30E-04	5.73	3.08E-04
NO	6882.53	0.4	6468.86	0.3
SO_2	4203.96	0.2	4246.81	0.2
SO_3	4.52	2.50E-04	4.64	2.50E-04
H_2	20.06	1.10E-03	18.41	9.91E-04
Cl_2	0.001	5.40E-08	0.001	3.13E-08
HCl	166.61	9.10E-03	168.31	9.07E-03
CO_2	393 128.71	21.3	397 288.5	21.4
CO	2949.05	0.2	2716.86	0.15
总流量（kg/h）	1 841 536		1 841 310	

本文所搭建的直接耦合生物质燃烧过程如图7-4所示，即在原有模型的基础上增加了直接耦合生物质裂解的模块，可以将生物质裂解为基本物质以便参加后续的化学平衡和相平衡计算。此外，考虑到本文用到的污泥含水量较高，在进入锅炉之前需要经历干燥过程，本文耦合污泥燃烧时采用的Aspen Plus模型如图7-5所示。

为确定Aspen Plus的输入参数，本文耦合生物质的基准为保证该300MW燃煤电厂在定负荷条件下运行。本文在耦合不同比例的生物质时，使进入锅炉的燃料热量基本不变，燃料燃烧时的过量空气系数维持在1.05。根据文献模型[144]计算，可以间接计算出该300MW燃煤电厂在耦合不同热量的生物质时所需的质量流量。

在确保燃料进口热量基本不变，过量空气系数1.05的条件下，Aspen Plus的模拟结果如图7-6所示。

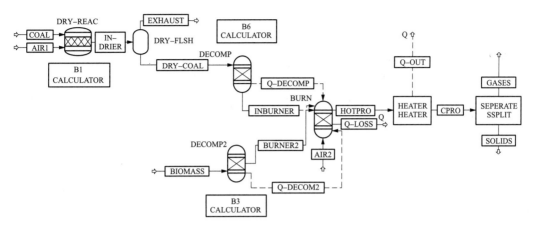

图 7-4 直接耦合生物质的 Aspen Plus 流程图

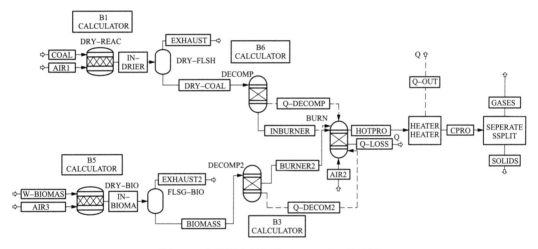

图 7-5 直接耦合污泥的 Aspen Plus 流程图

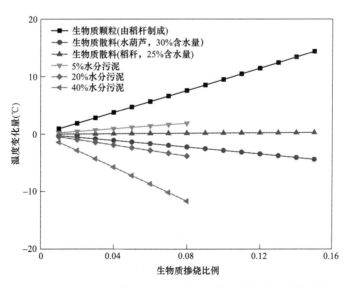

图 7-6 耦合不同生物质种类时炉温变化量与掺混比例的关系

　　从图 7-6 中可以看出，在定负荷的条件下，当直接耦合含水量较少的生物质颗粒时，炉温会随着生物质的掺烧比例增大而增大。当耦合含水量较多的生物质散料时，炉温则会向着减小的方向移动。但随着物质中的含水量增大，如耦合生物质散料的情况下，由于水的蒸发会带走大量的热量，故认为炉温会随着含水量的增加而减少。在耦合污泥的情况下，从图 7-6 中可以看出炉温的变化随着掺烧比例的增大而增大，且干燥后污泥的含水量越少，炉温相对越高。

　　燃煤机组直接耦合生物质或污泥时，系统的污染物（NO_x、SO_x）排放量（kg/hr）如图 7-7 所示。掺烧生物质后，NO_x 排放与炉温有着密切的关系，炉内高温下 NO_x 的产

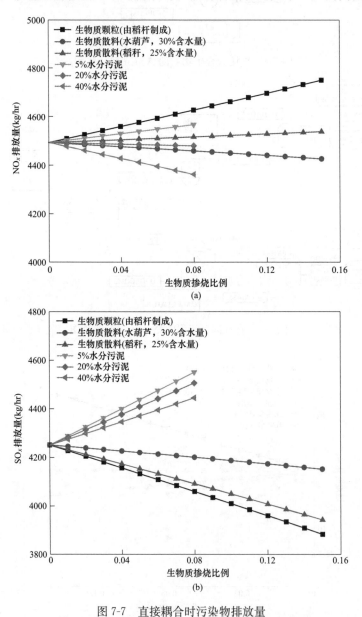

图 7-7　直接耦合时污染物排放量

（a）含 NO_x 排放量与掺烧比例关系；（b）SO_x 排放量与掺烧比例关系

生主要以热力型为主。对比图 7-7（a）与图 7-6，可以发现两者曲线趋势是一直的，即对于各类生物质掺烧工况，随温度升高，NO_x 排放量增大。需要注意的是，相同温度下，污泥的 NO_x 排放量比生物质散料的高一些，这是因为所选污泥为煤气化污泥，其中 N 含量比生物质高很多。

SO_x 排放浓度变化与掺烧原料自身的 S 含量呈正相关。从表 7-9 中有机硫含量和整体硫含量可以看出，稻秆的硫含量远低于煤和污泥，因此随着掺烧比例增大，SO_x 排放量减小。水葫芦的硫含量也比煤小，当炉温改变不大时，随着生物质掺烧量增大，SO_x 排放量也相应减小。而污泥中的硫含量大于煤，因而随着掺烧量增大，SO_x 排放量相应增大，且随温度相对升高排放量也变大。

四、经济性分析模型搭建

前文对燃煤机组耦合生物质发电系统利用 Aspen plus 软件进行了系统仿真，对燃煤机组耦合生物质发电系统进行热力学分析。经济效益是评判燃煤机组耦合生物质技术能否推广使用的重要依据，本节将综合考虑碳税，分析了直接耦合不同类型生物质时发电系统的发电成本，以度电成本、每度电额外成本为评价指标对该技术的经济性能进行了评估，并讨论了关键参数（燃料价格，生物质价格，碳税价格）变化时对技术经济性的影响。

本文提出的模型基于以下假设条件：

（1）生物质掺混时，应保证锅炉的总热量输入不变，生物质掺混按照质量输入比例进行分析。

（2）生物质掺混入锅炉后，锅炉热效率会随生物质混合比的增大而降低，根据文献资料，近似计算生物质加入导致锅炉热效率损失为 $\Delta\eta_t = 0.05\varphi$（$\varphi$ 为生物质质量占比），$\varphi = 10\%$ 时，锅炉热效率损失量约为 0.5%[145,146]。

（3）除燃料成本之外的发电成本为固定值，不随其他成本及上网电量变化。

（4）生物质燃料价格不随标煤价格变化波动。

（5）生物质混烧可能导致积灰、结渣、腐蚀等问题，但当生物质混烧比例较低时，这些问题可控。因此本模型假定生物质掺混不会对锅炉运行造成沾污、积灰以及催化剂中毒等负面影响，因而忽略这些影响带来的成本。

本文根据相关文献[144,147,148]，建立如下经济性模型，首先要针对投资费用、燃料费用、运行维护费用、排污费用等方面计算，通过度电成本、每度电额外成本这两个指标了解耦合生物质后电厂的投资费用和生产成本。

（1）度电成本。燃煤机组度电成本计算是基于总投资成本计算的，假设燃煤电站总投资成本为 C_T，则发电成本计算公式为

$$c_E = \frac{C_T}{W \times H \times (1 - \varepsilon_{ap})} \tag{7-1}$$

式中：W 为电站额定发电功率，本章计算取 300MW；ε_{ap} 为厂用电率，本文取 4.5%；H 为发电小时数，本文取 5000h；C_T 为燃煤电站总投资成本。

固定投资成本包括直接投资成本 C_d 以及折旧费 C_p，摊销费 C_a 和贷款利息 C_i，其中直接投资成本是指投资建厂初期的设备成本和安装成本；变动投资成本即机组投入运行之后的成本，主要包括人工费 C_r，碳税 C_t，运营和维护成本 C_o，燃料成本 C_f（包括煤炭费用以及生物质的采购和运输费用），排污费用 C_g 和包括材料成本在内的其他成本 C_s 以及人工费 C_r，同时燃煤电站还有一定量的副产品收入 C_b，则电站总投资成本 C_T 计算公式为

$$C_T = (C_d + C_p + C_a + C_i) + (C_r + C_t + C_o + C_f + C_g + C_s - C_b) \quad (7\text{-}2)$$

传统燃煤机组的直接投资成本参考电力公司发布的关于新建电站的相关标准数据，本文研究对象 300MW 燃煤锅炉对应的直接投资成本 C_d 为 3367 元/kW，综合分析近几年市场经济形势，新建电站贷款，折旧，摊销等相关数据如表 7-10 所示。

表 7-10 　　　　　　　　　　　新建燃煤电站成本计算相关数据

项目	符号	数值	单位
贷款比例	p	60	%
贷款年限	L_1	10	年
贷款利息	i	3.5	%
固定资产形成率	p_1	95	%
残值率	p_2	5	%
递延资产比例	p_3	5	%
运行维护系数	w	2.5	%
设备使用年限	L	25	年

总固定投资成本由总直接投资成本、折旧费、摊销费、贷款利息组成，进而每年的固定投资成本由总固定投资成本与设备运行年限之比计算得到。由此，每年均摊折旧费计算公式为

$$C_p = \frac{C_d \times p_1 \times (1 - p_2)}{L} \quad (7\text{-}3)$$

每年均摊摊销费计算公式为

$$C_a = \frac{C_d \times p_3}{L} \quad (7\text{-}4)$$

每年均摊贷款利息计算公式为

$$C_i = \frac{C_d \times p \times i \times L_1}{L} \quad (7\text{-}5)$$

每年运行维护费用计算公式为

$$C_o = C_d \times w \quad (7\text{-}6)$$

本文中所涉及的排污费用主要是指 SO_x 和 NO_x 的排污费用，烟气中 SO_x 和 NO_x 的含量 m_S 和 m_N 由 Aspen plus 流程模拟的结果中可以得到，根据参考相关文献 SO_x 和 NO_x 的排污费用 c_S 和 c_N 均为 0.6 元/kg，电站脱硫效率 ϕ_S 和脱硝效率 ϕ_N 分别 0.97 和 0.98，其他排污费用忽略不计，根据《排污费用征收管理条例》，排污费用是基于污染物当量

数来计算的，不同的污染物具有不同的污染物当量值，由大气污染物当量值表可知，SO_x 和 NO_x 的污染物当量值为 0.95，则排污费用计算公式为

$$C_g = \frac{m_S \times c_S \times (1-\phi_S) + m_N \times c_N \times (1-\phi_N)}{0.95} \times H \quad (7-7)$$

随着现代科技发展和电站自动化水平的提高，现代 300MW 燃煤电站的定员 N 取 50 人，职工工资及福利按照每人 100 000/年计算，则人工费计算公式为

$$C_r = N \times r \quad (7-8)$$

根据电厂实地调研数据得电厂运行过程中的燃油等其他材料费 β_m 为 20 元/（MW·h），则电站运行总材料费用计算公式为

$$C_s = \beta_m \times W \times H \quad (7-9)$$

传统燃煤机组运行的副产品收益主要来源于脱硫过程中产生的石膏，SO_2 排放量可以由 Aspen plus 流程模拟所得的结果得出，其中取脱硫效率为 97%，从而得到石膏的产量 M_{CaSO_4} 副产品石膏的价格 C_{CaSO_4} 按照市场价格估计取 100 元/t，则副产品收益 C_b 的计算公式为

$$C_b = M_{CaSO_4} \times C_{CaSO_4} \quad (7-10)$$

燃煤机组直接耦合生物质发电系统里，考虑生物质的磨制可以和煤粉磨制共用一套磨煤机系统，所以相比传统燃煤机组没有设备成本的增加。而且，在燃煤机组耦合生物质发电系统里，由于生物质燃料体积大，能量密度较低，生物质燃料的采购和运输成本和煤炭会有较大差别，本文的燃料成本 C_f 由煤炭成本 C_c 和生物质成本 C_m 组成，即

$$C_f = C_c + C_m \quad (7-11)$$

因此，相关成本的计算说明如下：

1）本文假设运输到电厂厂区的生物质燃料是经过破碎、压制等预处理的，所以在系统发电总成本的计算中不再考虑生物质预处理的成本，而是将此部分的成本纳入生物质燃料采购成本进行考虑，生物质成本 C_m 由采购成本 C_{pu} 与运输成本 C_{tr} 构成，即

$$C_m = C_{pu} + C_{tr} \quad (7-12)$$

运输成本为车辆的年度行驶总距离 TD（km）与每千米的成本 SC（元/km）的乘积，即

$$C_{tr} = TD \times SC \quad (7-13)$$

车辆行驶距离与生物质分布密度 ρ_b [t/（km²·a）] 和车的容量 VC（t）相关，生物质采购优先从电厂附近采集并运输，此时，可根据所需生物质掺混量 M_b 及生物质分布密度 ρ_b 来确定距电厂最远的生物质采集半径 R（km），即 $R = M_b \pi \rho_b$。对该区域内车辆距离积分并求平均值，可得车辆在该区域的平均单程路程为 $2R/3$，则车辆的总里程为

$$TD = \frac{4 \times R \times M_b}{3 \times VC} \quad (7-14)$$

煤炭的燃料成本 C_c 与燃煤机组煤炭消耗量 M_c，机组年运行时长 H，煤炭价格有关，本文模拟 300MW 燃煤机组耦合生物质发电项目的年运行时长取平均水平为 5000h，根据文献 [144] 的计算模型得到燃煤电厂在耦合不同热量的生物质时所需的煤炭、生

物质的质量流量。

在一定的掺烧比例下，假设电厂的煤消耗量 M_{c0}(t/a) 为

$$M_{c0} = \frac{T \times H}{LHV_c \times \eta_t} \qquad (7-15)$$

式中：T 为机组额定负荷，MW；H 为机组年平均运行时间，h/a；LHV_c 为煤的低位发热量，MJ/kg；η_t 为机组发电效率。在电厂发电量不变的前提下，由于生物质混烧而导致燃料消耗量增加，修正的煤消耗量 M_c(t/a) 为

$$M_c = \frac{M_{c0} \times \eta_t}{\eta_t - \Delta\eta_t} \qquad (7-16)$$

机组发电量相同时，可求出生物质消耗量 M_b(t/a) 以及所替代的燃煤量 ΔM_c(t/a) 分别为

$$M_b = \frac{\varphi M_c LHV_c}{LHV_b} \qquad (7-17)$$

$$\Delta M_c = M_{c0}\left(1 + \varphi - \frac{\eta_t}{\eta_t - \Delta\eta_t}\right) \qquad (7-18)$$

式中：LHV_b 为生物质的低位发热量，MJ/kg，本文取稻秆、污泥和水葫芦三种作为掺烧对象。

2）在征收碳税背景下，煤炭作为主要征收对象，还有燃烧产生的温室气体 CO_2 量需要支付碳税，而由于生物质燃烧是碳中性，因此混烧生物质可节省部分碳税，故碳税成本 C_t 需计算煤炭产生 CO_2 量对应的碳税（以 1t 标准煤产生 2.69t CO_2 计算），即

$$C_t = 2.69 P_{tax} M_c \qquad (7-19)$$

式中：P_{tax} 为碳税比率，元/t。

以上关于燃煤机组耦合生物质发电系统发电成本的计算中，没有专门说明的情况一律和传统燃煤机组发电成本保持一致。

（2）每度电额外成本。对于政府和发电厂的管理，最关注纯燃煤发电厂变为生物质耦合电厂时，生产每度电时必须支付的额外费用，即单位额外成本 C_{kWh}[元/(kW·h)] 可通过耦合生物质燃烧总的额外费用除以总发电量获得，即

$$C_{kWh} = \frac{\Delta C_T}{1000 \times T \times H} \qquad (7-20)$$

总额外成本 ΔC_T 是发电厂在转换为耦合生物质电厂时每年产生的额外费用，包括生物质的采购成本 C_{pu}、运输成本 C_{tr}、节省的煤炭成本 ΔC_c、节省的碳税 ΔC_t、由于掺烧生物质所引起的副产品（以飞灰和石膏计）销售额的变化 ΔC_b，即

$$\Delta C_T = C_{pu} + C_{tr} - \Delta C_c - \Delta C_t + \Delta C_b \qquad (7-21)$$

五、耦合生物质的经济性分析

发电系统的发电成本计算会受到当前经济形势的影响，而市场经济存在很大的波动性，相关数据的变动会影响到发电成本的计算和分析。本节以直接耦合发电为例，对其中的一些关键参数，如生物质燃料价格、煤炭价格、碳税价格等进行了分析，探究其对

于系统度电成本和每度电额外成本的影响。

（一）掺烧比例对稻秆度电成本和额外每度电成本的影响

本节评估在 10% 质量掺烧比下，燃煤机组耦合生物质的度电成本和额外每度电成本，模型参数如表 7-11 所示。经济模型中参数来自文献和相关数据网站。2015—2021 年中国动力煤价格大致在 400~900 元/t 区间内波动；2022 年中国煤炭受国际能源价格影响，价格大幅上涨，2022 年动力煤价格在 900~1600 元/t 区间波动。考虑 2023 年煤炭产量有望与 2022 年持平、煤炭进口量下降而需求有望小幅增长，煤炭价格依然有较强的支撑。本文的经济性分析中煤炭价格依托 2015 年至 2022 年采购价格的平均值 650 元/t。生物质价格为当地成型生物质的到厂价格，生物质价格在 300~600 元/t，基准值取中值 450 元/t，碳税价格来自中国碳交易网最新数据，根据地区差异在 20~100 元/t，基准值取中值 60 元/t。灰渣收入损失按照每吨飞灰销售收入 40 元考虑。

表 7-11　　　　　　　　　技术模型的参数和基准值

参数	装机容量（MW）	净效率（%）	生物质价格（元/t）	煤炭价格（元/t）	车辆单位距离行驶成本（元/km）	车辆容积（t）	飞灰价格（元/t）	生物质分布密度（km²/a）	碳税比率（元/t）
数值	300	40%	450	650	7	15	40	5.6	60

图 7-8 为燃煤机组直接耦合稻秆时不同混燃比例下的度电成本和额外每度电成本。掺烧比例为 0% 时，表示传统燃煤机组的发电成本为 0.3149 元/(kW·h)。从图 7-8 可以看出，在直接耦合稻秆时，随着掺烧比例的增加，系统度电成本和额外每度电成本均逐渐增加，这与文献结果一致[144,147]。虽然掺烧生物质可燃气使得系统的燃煤消耗量减少，但煤粉的发热量远高于生物质，产生相同热量所需要的生物体积和质量较大，生物质消耗量较大，又因为生物质原料收购成本较高，这就使得系统运行中的燃料成本上升，且掺烧比例越高，生物质消耗量越大，燃料成本越高，耦合发电系统的发电成本也就越高。在征收碳税时，系统度电成本高于不含碳税时的度电成本，但是系统额外每度电成本却低于不含碳税时的额外每度电成本，并且随着掺烧比例的增大，含碳税时的额外每度电成本增长速率明显超过不含碳税时的额外每度电成本增长速率，说明碳税对额外每度电成本影响较大。

（二）生物质燃料价格对额外每度电成本的影响

本节以直接耦合稻秆发电为例，分析了煤炭价格和生物质价格对发电成本的影响。下面分析中煤炭采购价格取 650 元/t，碳税价格取 60 元/t，以掺烧比例为自变量，额外每度电成本为因变量，绘制不同生物质价格下的额外每度电成本随煤价变动的曲线族，如图 7-9 所示。稻秆价格越高，系统额外每度电成本的变化幅度也越大。当稻秆价格为 300 元/t、掺混比例在 3% 以上时，随着掺混比例的增加，系统额外每度电成本逐渐降低，且使得度电低于传统燃煤电厂发电成本，这是因为当稻秆价格较低时，系统运行所需的生物质燃料成本较低，而掺混使得系统的燃煤消耗量减少，煤炭减少成本和系统副

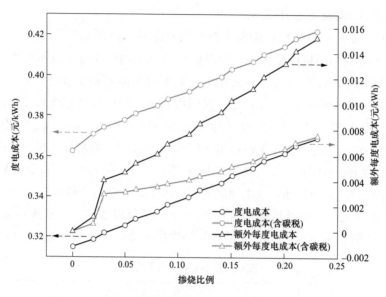

图 7-8　掺烧比例对稻秆度电成本和额外每度电成本的影响

产品收益超过生物质燃料成本，所以随着混燃比例增大，系统额外每度电成本逐渐降低，而且混燃比例越大，额外每度电成本降幅也就越大。当稻秆价格高于 400 元/t 时，系统的额外每度电成本逐渐升高，这是因为秸秆价格较高时，系统运行的生物质燃料成本高于煤炭减少成本和系统副产品收益，系统的发电成本上升，且超过传统燃煤电厂发电成本。可见，为了提高直接耦合发电系统的经济效益，一方面在不影响系统运行的情况下，应该尽可能地提高进入锅炉的生物质热值，这可以降低系统的生物质燃料消耗量，降低其燃料成本；另一方面促进生物质能的产业化、规模化发展有利于降低生物质原料的运输成本和采购价格，这也会使气化耦合发电系统的发电成本降低。

（三）煤炭价格对额外每度电成本的影响

考虑成型生物质价格为 300～600 元/t，碳税价格为 20～100 元/t。取生物质均价 450 元/t，碳税比例 60 元/t，以掺烧比例为自变量，额外每度电成本为因变量，绘制煤炭价格下的额外每度电成本随煤价变动的曲线族，如图 7-10 所示。当煤炭价格在 100 元/t，掺混比例在 3％以上时，随着掺混比例的增加，系统额外每度电成本逐渐降低，且使得度电低于传统燃煤电厂发电成本，这是因为当煤炭价格较高时，系统运行所需的煤炭燃料成本较高，而掺混使得系统的燃煤消耗量减少，煤炭减少成本和系统副产品收益超过生物质燃料成本，所以随着混燃比例增大，系统额外每度电成本逐渐降低，而且混燃比例越大，额外每度电成本降幅也就越大。当煤炭价格低于 800 元/t 时，系统的额外每度电成本随掺混比例的增加而逐渐升高，这是因为煤炭价格较低时，系统运行的生物质燃料成本高于煤炭减少成本和系统副产品收益，系统的发电成本上升，且超过传统燃煤电厂发电成本。需要指出的是，考虑到生物质粉碎和干燥等成本，设备投资成本，以及生物质体积较大，对锅炉投料和燃烧等的影响，直接耦合生物质的掺混比例一般小于 20％。

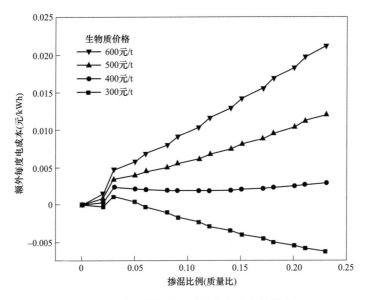

图 7-9　秸秆价格对于系统发电成本的影响

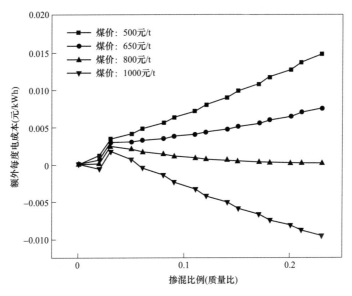

图 7-10　不同煤炭价格下额外成本-掺烧比例曲线族

第三节　耦合生物质的减碳性分析

一、减碳性分析

作为燃煤电厂减少温室气体排放最经济的方式，生物质共燃可以有效降低发电系统碳排放的同时降低其成本。为此，以一个 300MW 燃煤电厂为例，通过分析直接耦合生物质前后燃烧过程产生的二氧化碳定量评价了系统的减碳性。为了较为精确的分析生物质耦合带来了环境效益，本文将系统燃烧过程中排放的温室气体折合为二氧化碳当量并进行了绘图，主要纳入考虑的有 CO_2 和 N_2O 两种气体。为了方便比较，取燃煤机组年节省 CO_2 量和生产 $1kW \cdot h$ 电能时排放的当量 CO_2 为标准，评价和对比燃煤锅炉耦合不同类型生物质时向环境排放的 CO_2 情况。根据 Aspen Plus 的模拟结果可以绘制出不同类型有机固废掺混时其二氧化碳排放量掺混比的关系图，如图 7-11 所示。

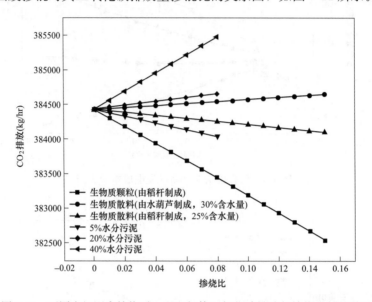

图 7-11　不同有机固废掺烧时，温室气体二氧化碳排放与掺烧比例的关系

从图 7-11 中可以看出，燃煤机组耦合含水量较低的生物质可以有效降低二氧化碳的排放，且随着掺混比例的增大其效果更加显著。同无掺烧的情况相比较，以 15％比例耦合由稻秆制成的生物质颗粒时，燃煤机组每产生一度电，最大程度上就可以减少 6.31g 二氧化碳，即在质量耦合比例在 15％时，生物质颗粒（由稻秆制成）可以减少 0.492％的二氧化碳排放，每年通过耦合生物质减少 7571.7t 二氧化碳的排放，相当于种植 420 650 棵树一年吸收并储存的二氧化碳量。

二、碳税对额外度电成本影响

碳税对度电额外成本的影响是促进燃煤电厂耦合生物质的重要因素。图 7-12 综合分析了有无碳税条件下，燃料价格对燃煤机组耦合生物质发电额外成本的影响。在生物质掺混质量比为 10％，生物质价格为 400 元/t 时，相较于不含碳税的情况，包含碳税的耦合生物质发电的煤价盈亏平衡点从 913 元/t 下降到 741 元/t，表明增加碳税有利于降低煤价的盈亏平衡点，促进生物质混烧技术推广。

由于燃煤机组耦合生物质发电系统相比传统燃煤机组的优势就在于其碳减排效益，耦合系统的收益很大一部分将来源于 CO_2 减排带来碳税的减少，所以碳税价格会直接影响耦合系统发电的经济性能，本节分析了碳税价格对燃煤机组耦合生物质发电系统经

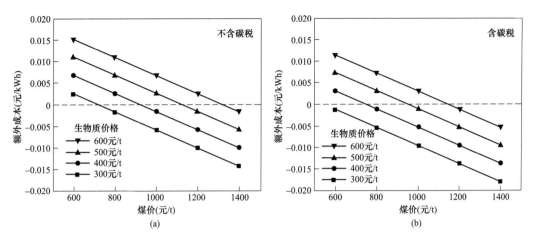

图 7-12 不同生物质价格下额外成本-煤价直线族

（a）不含碳税；（b）含碳税

济性能的影响。图 7-13 是不同生物质价格下，燃煤机组耦合生物质发电系统的额外每度电成本随碳税价格的变化情况，从图 7-12 可以看出随着碳税的升高，燃煤机组耦合不同价格生物质的额外成本均逐渐降低，在生物质价格 400 元/t 以下时，会出现碳税的盈亏平衡点，且碳税的盈亏平衡点随生物质价格减少而降低。

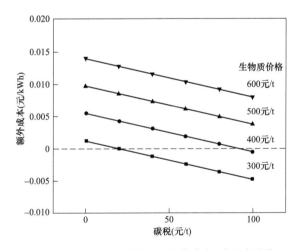

图 7-13 不同生物质价格下额外成本-碳税直线族

第八章

储能技术在耦合碳捕集燃煤机组系统中的应用

第一节　碳捕集技术应用特征

目前国家实施煤改电政策导致用电需求量增加，控制和降低燃煤机组 CO_2 等温室气体排放是实施节能减排和保护环境战略的重要组成部分。作为减少温室气体排放的策略，碳捕集与封存（carbon capture and storage，CCS）技术利用各种吸附剂从源头捕获 CO_2，可捕获 90% 以上发电厂产生的 CO_2。

当进行大规模碳捕集时，整个碳捕集系统需要大量的能量供应，若全部的热需求由机组蒸汽提供，会对系统的各项性能参数带来影响。因此，选择较为合适的位置作为碳捕集系统的抽汽点，就显得尤为重要。根据能量梯级利用（energy cascade use）原理，通常选择的最佳抽汽点为低压缸某处抽汽口[149]。综合考虑以上各种限制因素，现役火电机组高压缸和中压缸的现有抽汽都能满足再生塔的 CO_2 再生能耗需求，并且不会因额外增加抽汽量而影响汽轮机的安全运行，因此从高压缸或中压缸某级抽汽作为再生热源的抽汽方式是可行的。CO_2 捕集系统与火电机组的耦合方式如图 8-1 所示。

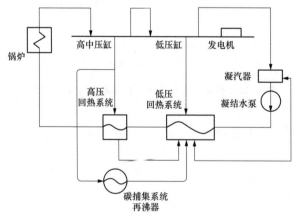

图 8-1　碳捕集系统与火电机组耦合方式

目前，主流采用的醇胺法碳捕集过程是一个典型的高能耗化学过程，在醇胺溶液的再生过程中，其能量消耗和损失主要可以分为三部分：再生塔中醇胺溶液的 CO_2 再生需要一定的化学反应热、与 CO_2 反应后的醇胺溶液升温到再生时所需温度的热量以及从再生塔顶部流出的 CO_2 气体带走一部分热量[150]。醇胺溶液再生需要大量的热量，这部分能耗约占整个碳捕集系统能耗的 $70\%\sim80\%$，因此碳捕集系统从汽轮机回热系统中抽取的蒸汽量是巨大的，蒸汽抽汽量占汽轮机低压缸总蒸汽流量的 50% 左右[151]。从能量利用的角度分析，碳捕集系统的再生抽汽必将导致汽轮机蒸汽作功能力损失，从而使汽轮机输出功率降低，因此对碳捕集燃煤机组抽汽方式的分析研究，以寻求最佳的抽汽方案也就显得十分重要了。

在系统集成研究中，有效利用碳捕集过程中的剩余能量是提高脱碳发电机组效率的关键。Luquiaud 和 Amrollahi 等[152]提出，在进入再沸器之前，利用提取的蒸汽对冷凝水进行加热，或将提取的蒸汽与再沸器的冷凝水混合，这种方法可以充分利用抽汽的余热。其他几位学者提出利用二氧化碳捕获装置释放的大量余热来加热冷凝水，从而减少了用于加热冷凝水的抽汽量，提高了发电机组的效率。Xu 等人利用 CO_2 多级压缩中冷却器和解吸塔冷凝器的热量来加热冷凝水[153]，通过这种废热回收，从 CO_2 捕获系统中回收了约 180MW 的热量，并将㶲损失降低了约 67%。

通过回收烟气余热，采用第二类吸收式热泵制取低压蒸汽，为捕获系统再沸器供热，一方面降低排烟热损失，减少烟气冷却热负荷；另一方面减少再生抽汽，提高汽轮机低压缸出力，进而提高碳捕获机组的整体热效率。余热锅炉尾部设置烟气换热器，换热产生的 100℃热水作为吸收式热泵驱动热源，循环冷却水为低温热源（进水温度为20℃）制取低压蒸汽（0.35MPa/139℃），为吸收剂再生供热[154]。系统图如图 8-2 和图 8-3 所示。

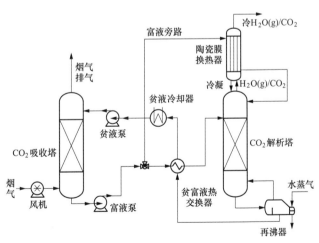

图 8-2　解析塔余热辅助 CO_2 捕集

对于超临界机组，其中低压缸之间的蒸汽参数一般较高，一般在 9～12bar 的范围，这显然比所需的蒸汽参数要高得多，由此会带来较多的能耗损失。因此，通过汽水流程

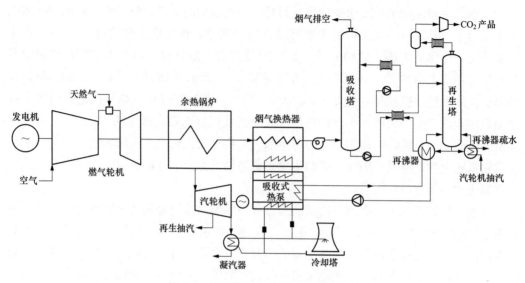

图 8-3 回收烟气余热用于再沸器加热

与碳捕获流程的有效集成，提高电厂效率就显得尤为必要。针对简单集成系统中脱碳用抽汽参数与再沸器需求不匹配的问题，在抽汽进入再沸器之前，先进入一个小汽轮机，回收部分热能。抽汽在小汽轮机做功，参数降为符合要求值后进入再沸器。

此外，脱碳单元需消耗大量的功和热，同时也释放大量低品位热量。解吸塔顶 CO_2 冷凝热和多级压缩中间却冷热由于能级较高，可以通过加热蒸汽系统的凝结水得以利用。余热辅助 CO_2 捕集技术主要有利用水泥厂或者电厂的蒸汽余热加热碳捕集系统的醇胺类溶液再生，降低吸收溶液再生过程高品位热能和电能的消耗；分析蒸汽温度、压力对发电系统的影响；研究余热对碳捕集解析塔能耗的影响，并进行系统耦合和匹配，如图 8-4 所示[155]。

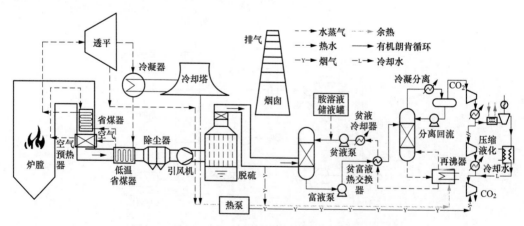

图 8-4 烟气、蒸汽以及热水余热辅助 CO_2 捕集技术

通过设定燃料热量输入百分比，对采用最佳抽汽方案的碳捕集机组模型进行变工况仿真分析，研究了碳捕集机组在变工况下发电效率的变化，如图 8-5 所示。随着燃料热

量输入的增加，碳捕集机组的发电效率同样逐渐增加，在燃料热量输入为 85％时达到最高，机组发电效率为 35.8％，然后略有降低。燃料热量输入在 75％～100％范围内变化较小，并且在此范围内机组发电效率超过 35％；碳捕集机组的热耗变化趋势恰好相反，在燃料热量输入为 85％时达到最低，机组热耗为 10 198.73kJ/(kW·h)，燃料热量输入在 75％～100％范围内变化较小，在此范围内机组热耗低于 10 257kJ/(kW·h)。因此，为保证碳捕集机组最高的发电效率，其最佳运行工况为燃料热量输入 85％时，而且燃料热量输入维持在 75％～100％范围内，对机组发电效率的影响并不大[156]。

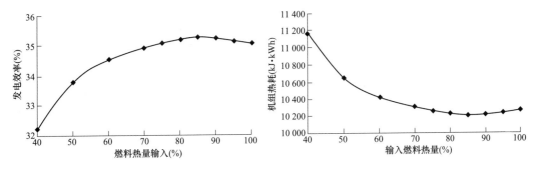

图 8-5　不同工况下碳捕集机组发电效率

有效回收余热资源可提高能源利用效率，尤其是中低温（100～250℃）余热资源利用已广受重视，研究表明，有 50％以上低温余热被直接排放[157]。火电＋光伏集成系统可节约能源、减少 CO_2 排放、缓解光伏发电的不稳定性的难题等，但该集成系统生产过程中存在一些低品位热能尚未被利用，如锅炉尾部排放的烟气、冷却介质、再沸器冷凝水、锅炉排污水等携带的余热及生产过程中的其他类型余热等。有机朗肯循环（organic rankine cycle，ORC）是一种采用有机工质回收低品位热能的朗肯动力循环，可实现余热回收[158]。因此，将 ORC 集成在火电＋光伏集成系统中对于提高系统净热效率和进一步节能减排具有重要意义集成 ORC 与 CCS 的太阳能－燃煤发电系统图如图 8-6 所示。

当再沸器所需能耗完全来自 CO_2 压缩过程的余热和太阳能集热器的热量时，压缩过程消耗能量较大；太阳辐射时间及辐射强度不稳定，因而考虑燃煤机组抽汽、CO_2 压缩过程的余热和太阳能集热器的热量同时为再沸器供能，在保证集成系统热力性能的前提下，通过调节热源的比例降低集成方案下 CO_2 压缩能耗。

如图 8-7 所示，以泰州某 1000MW 超超临界二次再热燃煤机组（N1000-31/600/610/610）为参考，当碳捕集率为 92％以上时，机组总净功率和净效率下降的趋势减小，原因是当捕集率升高，CO_2 捕集量增大，回热系统从 CO_2 压缩过程回收余热增多，机组效率有所升高。提高捕集率会使再沸器所需能量提高，进而使碳捕集系统总能耗增大。因此在蒸汽初终参数不变时，随着碳捕集系统能耗增加，CCT 的输出功率逐渐下降，导致机组发电功率和净效率下降[159]。

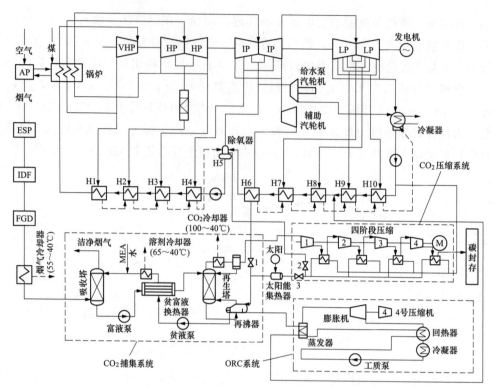

图 8-6　集成 ORC 与 CCS 的太阳能-燃煤发电系统图

AP—空气预热器；ESP—静电除尘器；IDF—引风机；FGD—烟气脱硫；VHP—超高压缸；

HP—高压缸；IP—中压缸；LP—低压缸；———能流；H—回热加热器

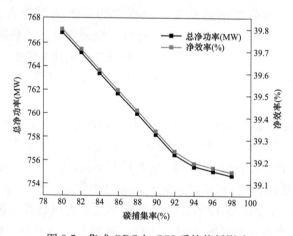

图 8-7　集成 ORC 与 CCS 系统能耗影响

第二节　储热技术在耦合碳捕集燃煤机组系统中的应用

一、储热技术的燃煤机组系统中的应用现状

燃煤发电是我国主力调峰电源，但燃煤机组受到负荷响应迟滞的限制，频繁改变机

组工况实现负荷调节的方式不仅灵活性差，而且容易对机组运行可靠性、效率产生影响。燃煤机组耦合储热技术是提高燃煤机组调峰能力的重要途径，可有效缓解电网供需平衡问题，已有学者研究了热电机组通过配置储热以解耦"以热定电"约束，是一种经济可行的技术路线。吕泉指出在蓄热、抽水蓄能和风电供热 3 种弃风消纳方案中，蓄热方案具有投资少且节煤效率高的优势[160]。

碳捕集电厂作为一种新型电厂，对于 CO_2 减排具有重要作用，同时，引入碳捕集技术之后，碳捕集电厂可通过灵活调节捕集水平，调整净发电功率，以满足系统的调峰需求，从而在一定程度上达到消纳过剩风电的目的。另外，相对于常规火电机组，碳捕集机组具有更大的下调峰深度和更快的调峰响应速度。因此制定兼顾减排和调峰的合理调度策略有利于碳捕集设备的利用最大化。

表 8-1 列出了五种燃煤机组配高温储热系统灵活调峰技术，相比于热水储热，高温熔盐储热的优点更加突出，液态熔盐在使用中传热无相变，传热均匀稳定，传热性能良好、系统运行压力小、使用温度范围较宽，储热量大、价格低、安全可靠[161]。

表 8-1　　　　　　　　　　　　　　　五种机组技术特点

储热方案	优点	缺点	技术特点
热电联产机组配储热水灵活性调峰[162]	技术相对成熟；系统改造小；热点耦合良好	占地面积大；白天蓄热时影响高负荷运行；夜间或极端天气需启动伴热或补充热量	适用于短期调峰，机组改动较小的情况
热电联产机组配电锅炉储热灵活性调峰[162]	主机几乎不做改造；技术成熟，调峰迅速、灵活；电热转化效率高	适用于谷电时段价格补偿机制的地区；阻性电器元件增加较多，维护困难	高品位能源低用，适用于峰谷电差价较大及电价补偿机制完善的地区
纯凝机组配高温储热系统灵活性调峰（储热介质以熔盐为例）	显热传热性能良好、系统运行压力小、使用温度范围较宽、储热量大、价格低、安全可靠	熔盐管路容易发生凝固或冻堵；熔盐对管道和储罐腐蚀性强	系统调节性好，可应用于各类型燃煤机组
汽轮机高背压改造调节技术	技术成熟；系统改造范围小	受机组类型限制；湿冷机组高背压运行需换转子	利用低压缸排汽直接供热，排汽流量和机组运行背压随供热负荷随变化，系统热电比增加
燃煤机组与太阳能系统耦合调节技术[163]	太阳能热利用率高；耦合调节灵活性强；系统接入点灵活	受地理位置和气候条件限制严重；太阳能系统维护困难；发电成本较高	适用于太阳能资源较丰富区，需要机组有良好的耦合特性

大型燃煤机组用于推动汽轮机做功的蒸气温度在 540～600℃，高温熔盐储热技术能较好地匹配这一温度参数。图 8-8、图 8-9 为以熔盐为介质耦合机组的储热与释热流程，储热过程可选抽汽节点较多，如主蒸汽、再热蒸汽、高压缸排汽、中压缸排汽等，回水可回流至除氧器或对应压力的回热器疏水；释热过程常见的释热节点有给水泵出口给水、凝结水泵出口凝结水和除氧水。热时，从燃煤机组中提取部分热能或电能，储存

在储热介质中,降低机组发电功率;释热时,将储存的热能返回到燃煤机组中,提高机组发电功率[164]。

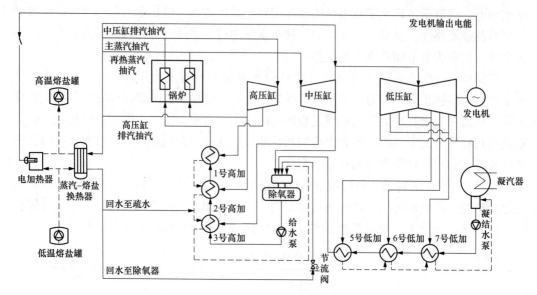

图 8-8　储热方案流程

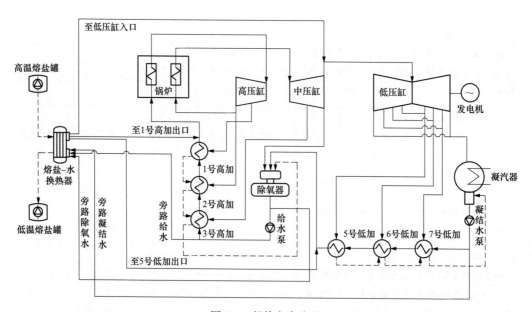

图 8-9　释热方案流程

图 8-10 为一种塔式太阳能集热器系统与燃煤发电系统集成,利用 CaO 作为高温储能介质转移太阳能,同时捕集烟气中的 CO_2。系统包括塔式太阳能集热器系统、CaO 高温储热系统和燃煤发电系统 3 个部分,利用塔式太阳能集热器系统为煅烧 $CaCO_3$ 提供能量,通过高温储热介质 CaO 将太阳能热量集成到现有燃煤火电系统中,塔式太阳能 CaO 储热辅助 CO_2 捕集燃煤发电系统[165]。

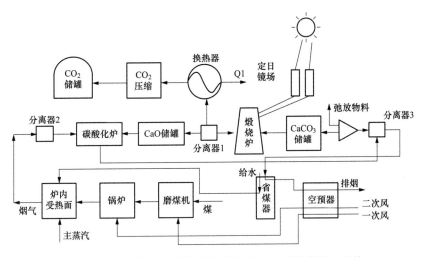

图 8-10 太阳能 CaO 高温储热辅助 CO_2 捕集燃煤发电系统

二、储热技术自身的特性曲线

由于我国抽汽式机组装机容量较大，以抽汽式机组为例进行阐述。储热前的机组配置采取"以热定电"的运行方式，图 8-11 为抽汽式热电机组的电热特性，即机组发电功率与供热功率间的关联耦合关系。储热前机组运行区间为 ABCDA 所围区间，储热后机组的运行区间为 AGIJLA 所围区间[166]。

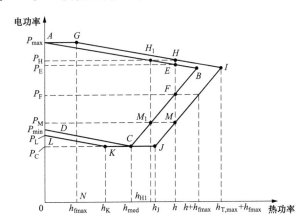

图 8-11 配置储热前后机组电热特性

h_{med}—机组发电功率最小时的汽轮机供热功率；$h_{T,max}$—机组的最大供热出力；
h_{fmax}—配置储热装置后供热功率的提升值；P_{min}、P_{max}—储热前抽汽式机组在纯凝工况下最小、
最大电功率；P_L—储热后抽汽式机组在纯凝工况下最小电功率；h—供热出力

由于电热特性，储存热量在低谷时段获得的可再生能源接纳空间大于尖峰时段，因此储热量有限时，优先补偿低谷时段。同理，机组在尖峰段蓄热、低谷段放热，此时获得的可再生能源接纳空间量大于因尖峰蓄热最大出力减小而导致的接纳空间减少量。因

此平时段蓄热不足时，可采用在尖峰段蓄热。

三、储热技术耦合燃煤机组局限性

现阶段燃煤机组负荷灵活性调节能力不强，配高温储热系统灵活性调峰技术仍存在许多亟须解决的问题[161]。

（1）就纯凝机组而言，热力系统相对复杂，在不同抽汽点进行抽汽储热，对机组热经济性的影响不同，释热过程亦如此，在储热和释热过程中机组热经济性评价指标未知，如何选择储热抽汽点及释热接入点是解决纯凝机组配高温储热系统灵活性调峰技术的关键性问题之一。

（2）对于高温储热系统，使用较为普遍的储热介质为熔盐，但应用比较成熟的 Solar 盐和 Hitec 盐最低使用温度均高于 142℃[167]，对于供热而言，熔点越高需要的防冻堵措施就愈加严格，制造成本相对增加，故低熔点熔盐的开发也尤为重要。

（3）在储热和释热过程中涉及蒸汽/熔盐储热过程和熔盐/给水释热两个换热过程，相对应的两种不同类型的换热器，虽然已有文献介绍了一些熔盐/蒸汽（熔盐为高温介质）换热器[168]的换热特性并得到一定的结论，也拟合了相应的传热关联式，但蒸汽/熔盐（蒸汽为高温介质）换热器未见相关报道，由于上述两种换热器传热机理不同，换热器设计思路及强化传热手段均不同，因此，在后续的研究中需对以上两种换热器的传热机理进行相关研究。

（4）除了熔点和导热系数的问题，使用显热高温熔盐另一个重点考虑的问题就是腐蚀问题。在燃煤发电厂或太阳能热发电厂使用材料大多为碳钢和低合金钢，采用不同成分的熔盐作为储热介质，对金属的腐蚀性不同，同一种熔盐对不同金属的腐蚀性也不同[169]。因此，在换热器和熔盐设备选择过程中要考虑对应的防腐蚀措施。

第三节　储热在耦合碳捕集燃煤热泵供热机组系统中的应用

一、储热技术在热泵供暖系统中的应用现状

我国十分重视储能技术的研究，《国家中长期科学和技术发展规划纲要》和《国家"十二五"科学和技术发展规划》将储能蓄热技术列为重要研究内容。蓄热系统是目前研究的重点，主要分主要为相变和非相变蓄热，在不同的供暖期能够保证系统供暖的可持续性[170]。相变材料（PCM）因其独特的物理特性能够在特定的温度下存储和释放能量，在能量存储方面有很广泛的应用。LIY 等[171]研究了空气源热泵与 PCM 蓄热罐的结合应用，作者对空气源热泵集成相变储能槽充热过程进行了全面的研究。利用 TRN-SYS 和 Matlab 搭建了系统的仿真平台。对空气源热泵的稳态模型进行了求解，并用试验装置的实测数据进行了验证，提供了一种有效的分析方法，用于研究使用空气源热泵为 PCM 储罐充热的能量性能。KOELJR 等[172]研究了 PCM 填充常规水箱储热器的储热性能，结果表明这种 PCM 储能箱可用于具有低初始温度和低温差的系统，能有效提升

热泵效率。ALKHWILDIA 等[173]提出了一种新型的地源热泵系统，该系统具有集成的低温至中温无水和盐的 PCM 储能罐，用于寒冷气候下的建筑供暖。范文英等[174]提出了一种空气源相变储能复合热泵系统解决了空气源热泵在北方低温环境下，性能差、性能系数随着环境温度的下降而急速下降的问题。王长君等[175]分析国内外专家学者的文献总结出 PCM 储能与热泵供能端结合应用，为建筑供暖切实可行，能有效提升热泵系统 COP，扩展热泵系统的工作温度范围。在实际应用过程中还存在温度匹配、功率匹配、系统成本等问题，需要进一步改进和提升。

本工作研究对象为储热装置和燃煤热泵供热机组，图 8-12 为建立热泵供暖系统耦合储热技术模型。其基本原理为利用一部分汽轮机中部分高压蒸汽为储热罐提供高品质热量，之后由储热罐储存；另一部分为吸收式热泵提供高品质热量，之后在热泵中进行一系列过程，以消耗部分高位能量为代价，将低品位余热提高至能够利用的温度，最后进入热网加热器为居民用户供热[176]。

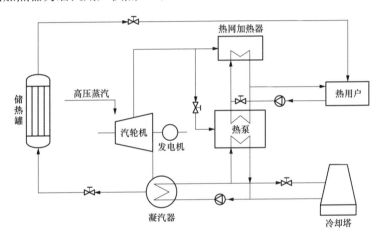

图 8-12　储热罐耦合碳捕集燃煤热泵供热机组

二、热泵系统的特性曲线

采用大型抽凝供热机组供热的方式是我国最常用的供热模式，其冷源损失不可避免，低压缸排汽蕴含大量余热被循环水带走，未能得到有效利用[177]。供热机组可利用热泵技术回收利用大量低品位的热量以增加供热，在不改变机组结构或增加装机容量的情况下，提高能源的利用效率，且能够满足热负荷需求，一定程度上缓解热电供需矛盾[178]。陈圆[179]以某垃圾焚烧电厂为例，研究表明采用吸收式热泵后机组发电效益提高。张抖等[180]通过分析热电联产机组耦合热泵后的调峰能力，总结出加入热泵后机组供热能力增加。吸收式热泵技术用于热电厂余热回收经济性很高，且前期投资的回收期也特别短，这正响应了国家节能减排的政策。

供热负荷是随着环境温度变化而变化的，通过对吸收式热泵进行变工况运行调整以满足供热负荷的需求。由图 8-13 可知，随着供热负荷的增加，热泵性能系数下降。在供暖期内，随着室外温度的下降，供热负荷增加，热网回水温度也会相应升高，吸收器

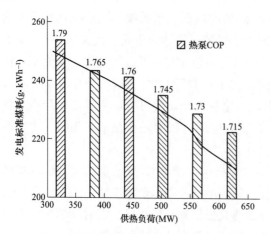

图 8-13 热泵性能系数 COP 及发电标准煤耗随供热负荷变化的关系曲线

出口稀溶液的浓度和温度均会增大，导致发生器内放汽范围减小，热泵性能系数 COP 下降。热网回水温度升高，热泵出水温度也会相应升高，满足增加的供热负荷需求[181]。同时可以看出发电标准煤耗率随供热负荷的增加而减小。

三、储热装置的特征曲线

斜温层厚度在一定程度上是能够简单直观地用来判断储热罐的储热效率的，斜温层越厚，则符合条件的热水量越少，储热效率越低，因而斜温层厚度也是评价储热罐性能的一个重要指标。当入流热水流入罐内时，不同入口质量流量在罐内所产生的扰动程度不同，对罐内热、冷水的混合和斜温层的形成影响较大，使得热特性受到影响。由图 8-14 可知，不同入口质量流量下斜温层厚度随时间的变化规律是不同的，尤其在初、后期变化规律截然相反。因此，控制入口质量流量是保证储热罐可靠运行的重要因素。使用储热罐应当在满足供热需求的条件下注意控制入口质量流量的大小，控制斜温层的厚薄程度从而提高储热效率[182]。

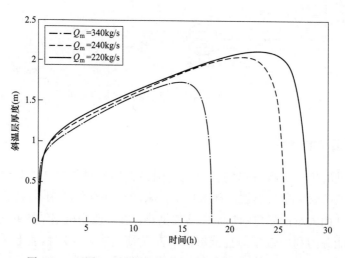

图 8-14 不同入口质量流量下斜温层厚度随时间变化曲线

四、研究案例汇总

相变储能技术是热能工程运用领域的重要能源技术，热泵耦合相变储热系统因其优势在建筑采暖领域得到广泛的应用。余妍等[183]现采用比内能法建立 PCM 瞬态模型，并基于 Modelica 非因果建模语言在 Dymola 平台上对含相变储热罐的跨临界 CO_2 喷射式热泵系统进行建模，研究得出在同一温度范围内储存更多的热量，在同样的理想储热量下占用更小的空间体积。占用更少的空间，满足更多的热负荷需求，有利于实际工程应用。总结储热耦合热泵机组典型研究案例如表 8-2 所示。

表 8-2　　　　　　　　　　　　储热耦合热泵机组研究案例

机组负荷（MW）	研究结论	参考文献
2×300	耦合吸收式热泵的供热机组乏汽余热利用改造，增加了机组外供热能力130MW，实现新增供热面积 236 万 m²	[184]
200/300	热电厂热水储热罐热特性和控制应用研究，有利于实现热点解耦，提升机组供热调峰能力和有效缓解新能源消纳环境	[182]
300	利用储热容量为 1008MW·h 热水罐蓄热为 18h，放热为 6h，该蓄热罐可使夜间调峰负荷由 169.6MW 降低至 78.0MW 使机组负荷率由 56.3% 减小到26.0%，使供热机组在夜间的最低发电负荷大幅降低	[185]
220	PCM 储能与热泵供能端结合应用，为建筑供暖切实可行；系统集成能够有效地转移峰值电力负荷，缓解峰值用电压力	[175]
350	对于热泵梯级供热系统，提高余热水量对系统的制热能效影响最大，热网循环水量和机组凝汽器运行背压对系统的制热能效影响次之，热泵驱动蒸汽压力满足热泵系统工作需求即可，对提高系统制热能效影响较小	[186]
300	在吸收式热泵余热回收供热系统中，多数运行参数下吸收式热泵 COP 在1.7 以上，有着较好的运行状态。吸收式热泵余热回收供热系统可以实现电和热的稳定供应，尤其将调峰机组原有的电力输出的一部分转换为热力输出，不仅减小了调峰对机组带来的负面影响，还可以提高发电企业的经济效益	[187]
4×220	湿冷热电厂采用吸收式热泵后热泵 COP 达到 1.43，年回收循环水余热量30 6672.9GJ，折合标准煤 10 477.4t，节能减排效果显著	[188]
—	针对带相变储热罐的热泵系统，提出了基于模型的单目标和多目标优化策略，设定目标函数与约束条件，实现对系统储能过程的优化。优化后的系统COP 提高了 28.73%，相变储热罐储热量提高了 6.5%	[183]

第四节　蓄电池在耦合碳捕集燃煤机组系统中的应用

一、蓄电池耦合碳捕集燃煤机组系统

蓄电池耦合碳捕集燃煤机组系统主要由燃煤机组、碳捕集装置以及蓄电池等构成，其系统示意如图 8-15 所示。其中，碳捕集部分是基于乙醇胺（MEA）吸收 CO_2 的燃烧后捕集，应用最为广泛，需要外部热源提供热量通过再沸器以满足 MEA 再生[189]。根据碳捕集系统的能量流和质量流的特点，选择从中压缸抽汽作为再沸器热源，对吸收后的富液进行解析。蓄电池储能单元，与火电机组发电机出口连接，配置用于存储火电机组发电机产生的部分电能，以用于响应调频指令进行调频。碳捕集机组通过调节捕集能

耗,使机组净碳排放与净出力的可控范围变得灵活,并且能为系统提供更快的爬坡速率与更大的调峰能力等服务[190]。尽管目前碳捕集装置的投资成本较高、运行能耗较大,但是随着储能技术与碳捕集技术的逐步成熟,碳捕集电厂的成本下降潜力巨大。

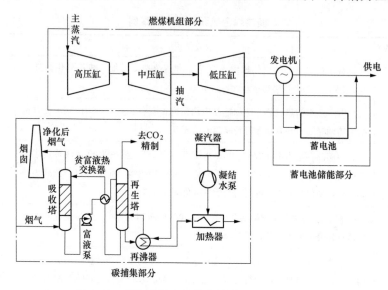

图 8-15　蓄电池耦合碳捕集燃煤机组系统示意图

二、蓄电池自身的特性曲线

蓄电池储能属于化学储能的应用,通过将蓄电池组与交直流变流器合理地配合,实现电能储存与释放,从而实现充电和供电。当前的蓄电池可细分为铅蓄电池、锂离子电池、液流电池、钠硫电池等。其中,钒液流电池是一种性能优异的储能电池,具有循环寿命长、能量效率高、深度放电性能好、运行费用少及环境危害小等优点[191]。相比于其他类型的电池,钒液流电池的电池容量取决于电解液的多少,在风光等新能源消纳方面应用广泛。

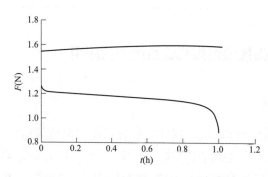

图 8-16　钒液流电池充放电特性曲线

本文以钒液流电池为储能元件,基于商业化的 5kW/10kW·h 全钒液流电池系统,对碳捕集燃煤机组进行耦合分析。罗冬梅[192]提供了恒定电流条件下钒液流电池充放电特性曲线(单电池),如图 8-16 所示。其中纵轴为电池的端口电压,横轴为与容量有关的充放电时间。利用 Matlab 软件分别为对钒液流电池充放电特性曲线进行拟合,采用线性函数

和 7 阶多项式对充电曲线和放电曲线拟合时分别得出钒电池充电特征曲线为 $F_1 = -0.052t^2 + 0.098t + 1.6$,钒电池放电特征曲线为 $F_2 = 98t^7 + 3.1e + 2t^6 - 4e + 2t^5 +$

$2.5e+2t^4-88t^3+16t^2-1.4t+1.3$，残差模很小，说明拟合效果较为精确。

荷电状态 SOC（state of charge）是蓄电池使用较长时间或长期搁置不用后的剩余容量与其完全充电状态的容量的比值，常用百分数表示。当 $SOC=0$ 时表示电池已经完全放电，当 $SOC=1$ 时表示电池已经完全充满。陈继忠等人[193]以充放电功率为 X 轴，SOC 为 Y 轴，连接充放电截止 SOC，分别得到最大充电 SOC 和最小放电 SOC 边界，如图 8-17 所示。一般情况下当电池充电时，取各个电池组中 SOC 值较大的数值为整个储能系统 SOC 值；当电池放电时，取各个电池组中 SOC 较小的数值为整个储能系统的 SOC 值。使用这种方法可有效地防止单个电池出现过充或过放的情况。因此，对最大可充电 SOC 与最小可放电 SOC 曲线进行 2 次和 3 次多项式拟合，并得到最小可放电 SOC 曲线为 $S_1=-1.6e++2P^3+5.8e+2P^2-5.8e+2P+1.8e+2$，最大可充电 SOC 曲线为 $S_2=-13P^2-44P+1.3e+2$，拟合效果较好。

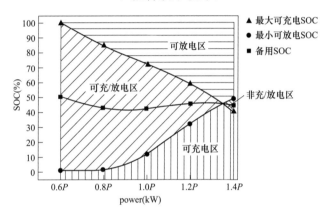

图 8-17　全钒液流电池的功率响应能力

三、碳捕集能耗曲线

韩中合等人[194]研究了不同质量分数下的 MEA 在不同碳捕集率下的煤耗率以及对发电标准煤耗的影响。如图 8-18 所示，碳捕集率从 60% 提高到 90%，MEA 质量分数从 5% 提高到 50%，发电标准煤耗曲线近似于一条直线。当 MEA 质量分数较低时，解析困难，发电标准煤耗高，能耗较大。

本文选用质量分数为 15% 的 MEA 作为碳捕集装置的一般工作状况，进行应用案例分析，通过数据分析从而得出该工况下的碳捕集装置的煤耗成本。用线性函数拟合 15% 的 MEA 时，残差模为 0.002 080 7，拟合精度较高，特征曲线表达式为 $W=0.001\omega+0.27$。

四、应用案例分析

图 8-19 所示为蓄电池在耦合碳捕集燃煤机组系统中的运算逻辑，在系统可调的条件下，以钒液流电池为储能元件，利用其储电能力调节上下边界负荷，计算在蓄电池发挥最大充放电能力时的系统最小发电总成本。

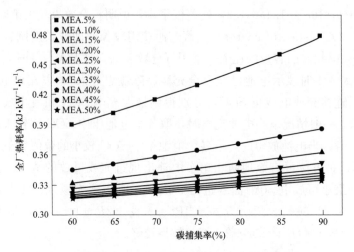

图 8-18　碳辅集率及 MEA 质量分数对发电标准煤耗的影响

通过分析可知，若以系统发电总成本最小为目标函数，需求出分析工况下的火电成本、储能成本与失负荷损失的最小和，而火电成本等于运行维护成本、发电煤耗成本与碳捕集成本之和，储能成本为投资成本与运维成本之和。为了使模型求解难度降低，减少最优化求解计算时的时间，可以通过分段线性化方法将火电机组的二次煤耗量计算公式转为一次函数，进而使整个最优化模型转化为线性规划模型[195]。火电机组的煤耗量函数图像如图 8-20 所示，其中实线表示分段线性化处理后的火电机组煤耗量函数，虚线表示分段线性化处理之前的火电机组煤耗量函数[196]。

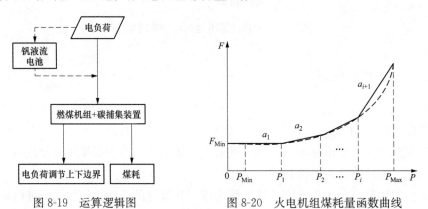

图 8-19　运算逻辑图　　　　图 8-20　火电机组煤耗量函数曲线

分段线性化后的火电机组煤耗量函数表达式为

$$F^L(t) = F_{\text{Min}} + \sum_{i=1}^{N} a_i P_i \tag{8-1}$$

$$a_i = \frac{F_{i+1} - F_i}{P_{i+1} - P_i} \tag{8-2}$$

$$0 \leqslant P_i(t) \leqslant \frac{P_{i+1} - P_i}{N} \tag{8-3}$$

式中：a_i 是第 i 段的斜率；F_i 是第 i 段的最大煤耗量；N 是分段数。

储能的成本函数为

$$C = c_1 P_{ES} + c_2 E_{ES} \tag{8-4}$$

式中：P_{ES} 为储能配置功率；E_{ES} 为系统中储能配置容量；c_1 为单位功率费用（元/kW），对于锂电池、铅酸等电池储能，主要为功率变流器（PCS）的单位购置费用；c_2 为单位容量费用 $[元/(kW \cdot h)]$，主要为电池的单位容量购置费用。

在"十四五"加快构建新型电力系统、推动实现碳达峰目标的这一关键时期，火电机组与电池储能系统联合调频，已有诸多应用案例和项目落地，其具体案例如表 8-3 所示。电池储能系统的应用，可缩短火电机组响应时间，显著提高机组调节精度与速度，保障了机组和电网稳定性的同时，还大大增加了传统火电厂的经济效益。

表 8-3　　　　　　　　　　　　电池储能耦合燃煤机组研究案例

序号	机组容量 （MW）	电池储能功率 （MW）	电池储能容量 （MW·h）	研究结论	参考文献
1	2×350	73.7	48.5	在风-光-蓄电-燃煤互补系统中，通过设定蓄电池参数可将其新能源电力消纳总量占比提高到 22.55%	[75]
2	600	9	4.8	火电机组与电池储能系统联合进行 AGC 调频，经济收益提高，整体火电机组 AGC 性能显著提升	[197]
3	330	10	8.7	提出一种辅助机组 AGC 的储能装置混合储能优化控制和容量规划方法，该方法可有效提高发电厂调频收益，在一定程度上延长机组的寿命，使得机组运行更加稳定	[198]
4	600	10	6	介绍了电储能系统与燃煤发电机组联合响应 AGC 调频调度指令的系统结构，建立了储能调频系统的仿真模型，并根据实际电厂数据进行了计算分析	[126]
5	2×630	28	17.5	阐述国内某火电厂 2×630MW 机组储能联合调频项目的设计过程，提出一种电池储能系统参数选择与校验的方法，有利于火电机组储能联合调频辅助服务能力的提升	[199]
6	455	800	600	通过配置 800MW 电化学储能装置后，系统弃风率、弃光率、峰谷差显著减小，能有效进行风光消纳，同时经济调度成本最低	[200]
7	300	9	4.5	与传统火电机组的二次调频方式相比，电池储能系统辅助火电机组参与二次调频，增加了调频能力，有效分担原有火电机组的压力，保障了机组和电网的稳定	[201]

第九章

碳监测与碳计量方法

第一节 碳 监 测 法

随着《全国碳排放权交易管理办法（试行）》的发布，我国碳排放权交易市场进入全面实行阶段。碳监测是指通过综合观测、数值模拟、统计分析等手段，获取温室气体排放强度、环境中浓度、生态系统碳汇以及对生态系统影响等碳源汇状况及其变化趋势信息，以服务于应对气候变化研究和管理工作的过程。监测、报告、核查（MRV）机制是碳市场建设的基础。与欧美发达国家相比，我国碳监测体系仍处于初步发展阶段，标准体系也有待于完善[202]。二氧化碳减排依赖于准确的碳排放监测体系，我国燃煤电厂仍是全国最大的碳排放源之一。因此，针对燃煤电厂，发展可靠的碳排放监测技术，准确而全面获取碳排放数据，可以为碳减排措施的制定及其减排效果评估提供有力的技术支撑，助力双碳目标的实现，表 9-1 列举了当前几种常见的碳排放监测技术。

表 9-1　　　　　　　　　　几种常见的碳排放监测技术

序号	技术名称	基本原理	优缺点
1	碳排放遥感监测方法	随着遥感技术的发展，地面上的气体排放信息可以由空间的传感器通过电磁波辐射感知，利用大气模型对卫星识别排放信息进行反演，为估算电厂二氧化碳排放量提供了一种新的方法	该方法基于实测卫星数据，较少受到人为因素影响且时间分辨率较高，可为不同地区的估算提供统一的标准
2	基于激光诱导击穿光谱法（LIBS）的燃煤电厂碳排放在线监测方法	从电厂获取已知数据，包括燃煤质量流量、煤种、锅炉型式和燃煤收到基灰分。燃煤质量流量可以采用电容法测量。使用 LIBS 方法测量样品的碳硅铝铁谱线强度。根据样品种类将四种元素谱线强度值代入对应的含碳量线性回归方程中，计算出样品的含碳量。将燃煤含碳量、飞灰含碳量、炉渣含碳量、燃煤收到基灰分、飞灰和炉渣的分配比代入碳氧化率的计算公式中，获得燃煤的碳氧化率。基于碳平衡原理，由碳氧化率、燃煤质量流量和燃煤含碳量，计算得燃煤电厂碳排放率和碳排放总量	该方法通过连续在线测量燃煤含碳量、飞灰含碳量和炉渣含碳量，可计算二氧化碳实时排放，是一种适应我国燃煤电厂实际情况、可连续在线的二氧化碳排放监测方法

序号	技术名称	基本原理	优缺点
3	基于物联网的碳排放量监测方法	通过传感器采集物体的基本信息和用于确定碳排放量的原始数据，包括以下至少一种：水量、电量、燃气量、汽油量。传感器通过传感器网关将采集的物体的原始数据、基本信息发送至服务器，服务器根据接收的物体的原始数据、基本信息确定所述物体的碳排放量，服务器对确定的物体的碳排放量以及物体的基本信息进行分析处理，以监测所述物体的碳排放量	该方法由于通过传感器采集物体的用于确定碳排放量的原始数据、基本信息，因此，再根据采集的物体的原始数据和基本信息计算物体的碳排放量，以及对计算的碳排放量进行分析处理后，得到的分析处理结果更贴近于实际情况，从而提高了碳排放分析处理结果的准确性与可信度
4	非分散红外监测技术（NDIR）	非分散红外吸收法主要用于烟气成分的测量，采用长光程吸收气室，检测精度高，可同时测多种气体	该技术用于测量 SO_2、NO_x、CO_2 等烟气成分的浓度，与使用电化学传感器测量方法的仪器相比，具有测量精度高、可靠性强、响应时间快、使用寿命长等优点
5	光腔衰荡光谱技术（CRDS）	光腔衰荡光谱技术是近几年来迅速发展起来的一种高灵敏度的吸收光谱检测技术。几乎每种小的气相分子（例如，CO_2、H_2O、H_2S、NH_3）都具有独特的近红外吸收光谱。在低于大气压的压强下，它由一系列狭窄、分辨良好的尖锐波谱曲线组成，每条曲线都具有特征波长。因为这些曲线间隔良好并且它们的波长是已知的，所以可以通过测量该波长吸收度，即特定吸收峰的高度来确定任何温室气体的浓度	该方法测量结果不受脉冲激光涨落的影响，具有灵敏度高、信噪比高、抗干扰能力强等优点
6	离轴积分腔输出光谱技术原理（ICOS）	积分腔输出光谱技术的核心是光学谐振腔理论，通过电磁波理论首先分析了光在空腔内的传输机理得到了透射光强的表达式，其次假设腔内存在吸收介质，那么在吸收介质的作用下满足 Beer-Lambert 定律光束能量每次被高反射率镜片反射时都会被吸收，最终能量叠加得到 ICOS 的具体表达式	该技术入射光在进入光学谐振腔时将不需要满足严格的模式匹配条件，所以对光学谐振腔的稳定性要求比较低，同时对于外界环境诸如振动等影响的敏感性也会降低，非常适合将此技术应用于大气 CO_2、CH_4 监测仪器或样机的集成
7	连续排放监测系统（CEMS）	连续排放监测系统分别由气态污染物监测子系统、颗粒物监测子系统、烟气参数监测子系统和数据采集处理与通信子系统组成。气态污染物监测子系统主要用于监测气态污染物 CO_2、SO_2、NO_x 等的浓度和排放总量；颗粒物监测子系统主要用来监测烟尘的浓度和排放总量；烟气参数监测子系统主要用来测量烟气流速、烟气温度、烟气压力、烟气含氧量、烟气湿度等，用于排放总量的积算和相关浓度的折算；数据采集处理与通信子系统由数据采集器和计算机系统构成，实时采集各项参数，生成各浓度值对应的干基、湿基及折算浓度，生成日、月、年的累积排放量，完成丢失数据的补偿并将报表实时传输到相关部门	CEMS 采用高精度电化学气体传感器，通过传感器、光谱分析等技术，连续、自动地监测环境中的 CO_2、CH_4、NH_3、N_2O 浓度等参数得到碳排放量，精度高、响应速度快、重复性好，实现碳排放核算的实时化、自动化同时，利用实时监测数据，建立基于监测数据的碳排放核算方法体系，可进一步提升碳排放核算数据的准确性和实时性

续表

序号	技术名称	基本原理	优缺点
8	可调谐二极管激光吸收光谱技术（TD-LAS)	该技术以分布反馈式（DFB）二极管激光器作为光源（中心波长 1.431μm），采用波长调制-二次谐波法对二氧化碳浓度进行了高灵敏度探测，并在此基础上实现了大气中气体的探测与浓度反演	TDLAS 将调制光谱技术与长光程吸收技术相结合，所产生的一种痕量气体检测技术，具有高灵敏度、高分辨率、响应速度快、非侵入性等特点，可对痕量气体进行即时分析

目前，国际认可的温室气体量化方法可以分为核算法和在线监测法（CEMS），在线监测法又称实测法，是基于在线监测仪器开展的监测方法，具有影响参数较少，精确度高，数据实时上传，自动形成监测报告，减少因人为测量产生的不可控因素等优点[203]，其系统工作原理如图 9-1 所示。我国碳排放监测主要采取核算法，美国主要采用 CEMS 法，欧盟则是两者兼具。由于当前我国大多数燃煤电厂未安装 CO_2 在线监测设备，在线监测数据不完善，因此，基于我国碳排放国情和欧美发达国家的经验，发展在线监测法对核算碳排放量具有重要的意义。针对燃煤电厂，大多使用 CEMS 对电厂开展连续性的监测，通过对烟道气体中的二氧化碳浓度和烟气流量连续测算，从而计算排放源的排放量。CEMS 系统按照测量方式主要可以分为两种，抽取式监测系统和现场监测系统。目前我国市场上以抽取式 CEMS 为主，因为抽取式 CEMS 从技术方面来说相对更好实现，设计、安装成本较低，但烟气在传输途中可能会混杂其他气体，导致测量结果不准确。

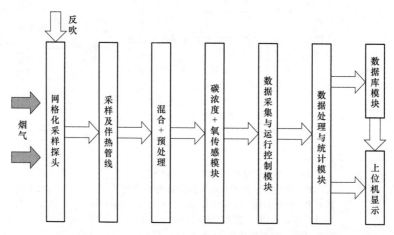

图 9-1　CEMS 系统工作原理

近年来，CEMS 应用于燃煤电厂在我国得到了快速发展，其中，郭振等[204]通过搭建碳排放连续在线监测实验平台对二氧化碳排放连续在线监测过程进行不确定度分析与评定；索新良等[205]以 300、600、1000MW 燃煤纯发电机组为例，测算出机组的碳排放量以此分析碳减排的可能性。在我国广泛利用 CEMS 监测大气污染物的基础上，利用现有在线监测系统的安装条件可以较为便捷地增设 CO_2 监测模块，可大大减少软硬件投资，降低 CO_2 排放监测成本。常规污染物烟气 CEMS 系统已广泛推广，我国可依托现有烟气 CEMS 系统稳步推进碳监测。烟气排放连续监测系统不仅能用于排放达标监控和排污计量使用，同时还可以用于设备（除尘、脱硫、锅炉燃烧工况）运行状态检查、故障诊断等。

综上所述，借鉴于欧美地区的经验，为推进我国碳排放在线监测领域的发展，我国可依托现有烟气 CEMS 系统优先考虑实现核算法的在线监测，创建核算法的在线监测平台，为后续搭建实测法在线监测平台提供基础。同时通过在电厂逐步安装监测 CO_2 的 CEMS 系统，弥补在线监测法的数据空缺，再通过相关政策法规的引导，形成基于我国碳排放国情的燃煤电厂碳排放统计核算体系，为双碳目标的实现提供全面、科学、可靠的数据支持[206]。

第二节　碳 计 量 法

碳计量通常是指涉及碳排放监测、碳排放权交易、碳核查和碳排放清单编制中相关参数的测量、记录、统计、分析、核查、计算等活动或过程[207]。精确的碳排放量计量作为碳交易市场长期稳定发展的基石，对于衡量和监测碳排放量、制定碳减排政策提供关键的数据支持，对我国双碳目标的达成具有至关重要的意义。

2022 年 1 月国务院发布的《计量发展规划（2021—2035 年）》，要完善碳排放计量体系，加强碳排放关键计量测试技术研究和应用，健全碳计量标准装置，为温室气体排放可测量、可报告、可核查提供计量支撑。2022 年 10 月 31 日，市场监管总局、国家发改委、工信部、自然资源部、生态环境部、住建部等九部门联合发布《建立健全碳达峰碳中和标准计量体系实施方案》，明确我国碳达峰碳中和标准计量体系工作总体部署，提出到 2025 年，碳达峰碳中和标准计量体系基本建立。到 2030 年，碳达峰碳中和标准计量体系更加健全。到 2060 年，技术水平更加先进、管理效能更加突出、服务能力更加高效、引领国际的碳中和标准计量体系全面建成[208]。

碳排放量计量方法主要有 5 种，分别为排放因子法、物料衡算法、实测法、生命周期法和投入产出分析法。这些计量方法具有各自的优缺点，适合不同的应用场景，在实际使用过程中，为对象或者使用场景选取合适的方法[209]。

排放因子法是目前我国使用最广泛的计量方法，也是国内外编制清单以及标准规范的依据。排放因子法主要应用在温室气体排放的计量，如发改委公布的行业温室气体排放核算方法与报告、生态环境部发布的《企业温室气体排放核算方法与报告指南发电设施（2021 年修订版）征求意见稿》《省级温室气体清单编制指南（试行）》。其基本思路是依照碳排放清单列表，针对每一种排放源构造活动数据与排放因子，以投入的能源使用量和排放因子的乘积作为该排放项目的碳排放量估算值。计算公式为：CO_2 总排放量＝∑（投入的能源使用量×排放因子）。聂曦等[210]根据多年的温室气体排放核算及核查的工作经验，以燃煤为例介绍了每类燃料活动的水平数据，并提出企业温室气体排放因子的测定获取方法。邱德志等[211]利用排放因子法，对 2015—2019 年中国五大城市群

城镇污水处理厂的 CO_2 等温室气体进行了时空分布的研究和影响因素的分析。

物料衡算法也称为质量平衡法，规定系统边界后，进入系统的物质投入量等于离开系统的物质产出量，计算公式为

$$\sum P_{in} = P_{pro} + P_{out} \tag{9-1}$$

式中：P_{in} 为投入物料总和；P_{pro} 为所得产品量总和；P_{out} 为物料和产品流失量总和。

物料衡算法使用较为简单，适用范畴较广，已被学者广泛使用。2006 年，地球环境研究所（IGES）就提出基于质量平衡法，估算化石能源排放的参考方法和部门方法，实用性较强，计算数据更加准确。李进等[212]基于碳平衡关系，建立燃煤过程和脱硫过程的 CO_2 排放量计算模型，提出了发电厂固定源基于燃料燃烧的碳平衡 CO_2 排放的计算方法，为 CO_2 减排政策的制定提供了参考。

第三节　工程应用对比

目前碳交易市场主要存在以上几种碳排放量的计量方法，几种方法各有特色，均能够实现碳排放量的准确计算。不同碳排放量的核算方法应用对比见表 9-2。

表 9-2　　　　　　　　　　不同碳排放量的核算方法应用对比

碳计量方法		优点	缺点	适用范围
碳监测法（实测法）[205]		（1）统计更具有连续性、准确性； （2）可直接测量烟气流量与烟气中 CO_2 浓度，使结果较为精准； （3）具有灵活性、云端化能力。监测系统可将排放数据上传至云端，易于监测管理	对监测数据的准确度要求较高，测量位点代表性不足，精度受测量装置影响大	适用于小区域、生产链简单的碳排放源或小区域、有能力获取一手监测数据的自然排放源
碳核算法[202]	排放因子法[202]	（1）计算过程较为简单直接； （2）发展较为成熟，有成熟的核算公式、活动数据和排放因子数据库； （3）应用范围广阔	排放系统自身发生变化时处理能力较差，直接运用 IPCC 指南的排放因子缺省值计算电厂碳排放误差较大	适用范围广，在缺乏准确统计数据的情况下具有很好的可行性和适用性，适用于社会经济排放源变化较稳定，自然排放源较简单或可忽略内部复杂性的情况
	物料衡算法[202]	（1）计算精确，准确度相对较高； （2）可明确区分各类设施设备和自然排放源之间的差异	计算过程较为复杂，对测算数据完整性有较高要求	要求碳排放数据完整，适用于社会经济发展迅速、排放设备更换频繁、自然排放源复杂的情况

碳计量方法		优点	缺点	适用范围
碳核算法[202]	生命周期法[202]	可加入电力生产阶段的上下游碳排放，扩大核算边界，使核算范围更加全面	由于计算电厂外各过程碳排放量时采用排放因子缺省值，计算出的碳排放量核算范围不能达到精确要求	多数情况下只用于碳排放量的估算
	模型法[202]	可直接预测碳排放量或元素碳含量，弥补关键核算数据缺失问题	需要一定的数据基础，如电厂运行数据和基本数据	适用于具备电厂运行数据和基本数据的情况

　　碳计量法中，生命周期法和模型法常与排放因子法、物料衡算法结合使用；碳监测法能够实时更新，且中间过程少。通过对比发现，核算法的主要误差来源为排放因子和净热值等数值的选取和测量，实测法的主要误差来源为烟气流量和 CO_2 浓度的测量[202]，理论上监测法结果的准确性要优于核算法。

　　综上所述，燃煤电厂的碳排放核算过程中，要根据实际要求选择不同的核算方法。目前我国主要以碳计量法为主，实测法仍处于初步发展阶段，碳核算数据库、标准及政策仍有待完善提高，由于我国火电厂掺烧现象严重，碳监测法将进入快速发展阶段。在双碳目标下，我国将基于基本国情，继续发展"核算为主，监测为辅"的碳排放核算方法，建设具有中国特色的碳核算标准体系。

第十章

碳交易在燃煤调峰系统中的应用分析

随着气候变化、环境污染等问题日益严峻，保护生态环境、控制碳排放量已是人类持续发展的必要要求之一。为此，作为负责大国，习近平总书记向世界庄严承诺，中国将于 2030 年前实现碳达峰，于 2060 年前实现碳中和[213]，而随着新世纪以来工业化的进一步扩展和城镇化水平的提高，能源的大量消耗与浪费加剧了碳减排的任务，推进构建碳市场已成为实现碳减排目标的重要途径。

实现能源系统中的碳减排市场化，目前碳交易政策的提出对原有碳排放企业从经济层面进行了宏观刺激。目前，碳排放交易在全球快速发展，推进碳市场已成为各国实现碳中和目标的主要方式之一，有学者已经对此展开深入研究，科斯定理奠定理论基础，三种机制[214]（即国际碳排放交易、联合实施机制、清洁发展机制）奠定制度基础，市场化手段有效推进，在合理利用资源配置的同时实现减排目标。例如，丁毅宏等[215]在多能互补方面对碳交易下多能联合外送调度优化展开了研究并进行综合效益评价，其论证发现碳交易下风光火三种发电资源联合外送调度模式有助于促进电力外送过程中可再生能源的使用从而实现环境友好型的发电调度；余晓泓等[216]在全球 40 个国家和地区的供给侧碳排放及碳排放转移方面展开了研究，发现国家层面的碳排放分析对各国减排责任划分起到重要指导作用；Peng 等[217]对中国各省份电力部门碳排放量进行研究核算，发现经济转型和增大用电强度会加大电力部门碳排放量，而提高能源效率、替代非化石燃料和缩小工业产出份额能够减少碳排放量；Tan et al. 等[218]结合中国未来实施碳排放权交易在组合发电调度方面对燃煤火电生物质以及抽水蓄能两种机组组合运行问题进行了研究，结果表明实施碳排放权交易有助于机组联合发电调度的高效、环保进行。由此可见，碳交易政策的实施有助于实现多能联合调度（特别是电力发展）的环境友好型发展，提升经济转型速度，推动我国环保减排工作向着"双碳"目标进一步靠近。

然而，目前对碳交易在多能互补系统中的应用方案仍没有统一的依据，为此，本章将从碳交易在多能系统中的应用分析层面对现有碳交易形式、分段性碳减排价格表以及碳减排奖惩情况（包括燃煤电厂在内）展开论述，期望在碳交易市场化政策下，为碳交易在多能系统中的应用提供理论指导。

第一节 现有碳交易形式

目前，碳交易的主要形式包括绿色电价（阶梯电价、差别性电价、惩罚性电价及环保电价）、分时电价、可再生能源电价、碳排放权交易等，其递进关系见图 10-1。

一、绿色电价

绿色电价是指针对产生不同环境影响的行业所制定的具有一定差别性的电价惩罚及激励机制[219]，即在高耗能、高排放行业实施电价惩罚（包括阶梯电价、差别性电价和惩罚性电价），而在环保行业实施优惠性鼓励电价。绿电交易的实施有助于遏制高耗能产业只着眼于经济效益盲目发展，引导发展清洁用电，推动环保减排事业进一步发展。

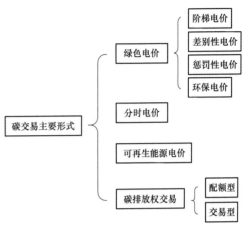

图 10-1 现有碳交易的主要形式

（1）阶梯电价。阶梯电价是指将用户每月所用电量按照一定标准划档细分再进行定价[220]，是一种非线性电力定价机制，特点在于用电量的划分。该方式有助于降低工商交叉补贴，实现节能的目的，一般划分为三个档次：第一档基础用电、第二档较高用电以及第三档高端用电。例如宁夏回族自治区在 2012 年推行实施居民阶梯用电政策。王睿淳等[221]对传统电价和阶梯电价模式进行对比分析，结果发现后者具有更明显的优势，可以提高电力企业补偿能力，进而实现收支平衡同时置闲居民用电量，起到节约能源的效果；刘思强等[222]认为我国当前阶梯电价补贴还有很明显的"漏出效应"，应根据实际用电情况降低电价的交叉补贴程度；杨侃等[223]提出了分区域分季节确定各档电量、科学设定各阶梯电量基数、建立动态调整机制的政策优化思路，能够有效改善当下阶梯电价的很多不足之处；伍亚和张力[224]通过对广东省居民用电数据定量测量分析后发现阶梯电价的政策具有价格调整和提升收益的效果。

（2）差别性电价。差别性电价是指按照规定，以限制类、淘汰类、允许和鼓励类的不同形式采取不同加价标准[219]（主要针对铁合金、电石、锌冶、钢铁、烧碱、水泥等 6 个高耗能行业），特点在于高耗能企业形式的划分，此类电费要高于普通电价。例如，江苏省对淘汰类设备差别电价进行整改、海南自 2004 年起对水泥、钢铁行业区分三类企业形式并施行差别电价等。乔晓楠等[225]利用 CGE 模型对不同情境电价交叉补贴进行了模拟分析，结果发现若以工业用户补贴居民用户，将同时降低电力消费总量与消费程度，且能够缓解政府财政对电力交叉补贴的压力；袁玮志等[226]通过建立差别电价政策与高耗能企业退出的非对称演化博弈模型，对差别电价政策下高耗能企业退出行为的演化稳定策略进行了分析，结果表明对不同类别的高耗能企业执行不同电价标准，体现了电价政策对于优先淘汰落后产能具有自选择机制。

（3）惩罚性电价。惩罚性电价是指对耗电量超过限额标准或达不到要求的企业采取的加价电价[220]，特点在于主要针对超额电耗。例如，江苏省拟实行更加严格化的惩罚性电价政策。但由于操作性不强，该电价方式已不适用。乔晓楠和王一博[225]利用CGE模型对不同情境电价交叉补贴进行了模拟分析，其结果发现实施惩罚性电价有利于提升居民福利、提高消费，且能够有效抑制限制类产业产出的增长，促进经济结构的调整。

（4）环保电价。环保电价是指政府对安装脱硫、脱硝、除尘等环保设备燃煤发电企业实行千瓦时加价的政策[227]，特点在于主要针对排污量。例如，海南省最新推出超低排放政策加价标准为每千瓦时1分钱、浙江省能源集团有限公司开发了环保智能监视评估系统对接浙江省火电行业环保电价智能评估平台等。翟树军等[228]指出我国环保绿色电力在发展过程中所存在的问题并提出相关建议，如加大对环保绿色电价补贴力度并丰富其补贴种类、建立环保电价政策评价机制、加强电价管理各职能部门之间的合作等。

二、分时电价

分时电价是指以电网负荷为基准，将一定时段（一般以24h为周期）划分为高峰、平段、低谷等多个区间，分别执行不同的电价[229]，特点在于时段的划分。该方式有助于实现错峰用电，"削峰填谷"，优化资源配置，提高能量利用率。例如，福建省根据居民用电负荷划分为峰、平、谷三个不同时段不同定价。刘浩田等[230]提出了一种基于弹性效应权重的改进价格弹性矩阵模型，还提出了由电价政策和负荷类型决定的价格弹性矩阵结构和计算方法，结果表明该方法可以削减峰值用电量4.23%，提升谷值用电量4.86%；黄剑平等[231]总结了国内外TOU（分时电价）的研究与实践，对用户行为和分时电价政策制定方法进行了分析，提出分行业制定分时电价，对用电行为差别较大的用户分别制定TOU机制；朱伟业等[232]建立了热负荷弹性与分时电价需求侧响应协同促进碳减排的电热优化调度模型，仿真结果表明，通过电热负荷侧采暖建筑用户热负荷弹性与分时电价需求侧响应的协同可有效地降低系统碳排放并促进系统低碳经济运行。

三、可再生能源电价

可再生能源电价是指按用电量向终端用户征收附加电价，以此来发放可再生能源补贴资金[233]的政策，特点在于补贴资金。附加所得资金主要用于可再生能源电价、独立电力系统以及入网工程三方面，涵盖风力、光伏等多种项目。例如，新疆充分利用地理优势，开发风电装机容量年均增速高达近70%，发电量年均增长45.3%，初步实现了新能源规模化、集约化开发利用；美国2017年对能源部门的税收支持178亿美元中，仅可再生能源就占到约62%，包括可再生电力生产税收优惠、能源投资税收优惠等多项内容。王凤云[234]研究了可再生能源定价机制，认为对可再生能源政策实施效果及反馈机制还有待研究评估，需要建立可再生能源电价补贴调整机制。

四、碳排放权交易

碳排放权交易（简称碳交易）是指签订合同的其中一方支付资金，就可以从另一方获得相应的温室气体减排额，该减排额可用于减缓温室效应以达到减排的目标[235]，特点在于减排额的买卖交易，主要可以分为项目型和配额型。作为碳减排的有效手段，碳排放权交易有望成为推动"双碳"目标早日实现的重要工具，能够实现长期、稳定的节能减排效果。具体实例有北京控股环境集团所属常德中联环保电力有限公司在全国碳排放交易平台成功交易、清洁发展机制自愿减排下国华榆林靖边开展20MWp光伏并网发电、岳阳林纸子公司签署温室气体自愿减排项目林业碳汇开发合作合同等。李谊[236]认为，碳排放权交易是以低成本来调动减排主体的积极性，碳排放权价格是减少碳排放过程的驱动力量之一；沈洪涛等[237]以我国在深圳等地实施的碳排放权交易政策作为基础进行实战分析，结果发现通过给企业提供一些补贴等方式保障企业的权益，能够让企业能够及时进行技术革新，进而实现长期节能减排。

目前各地基本上存在着以上四种碳交易形式，几种方式各有特色，能够在一定程度上提高现有能源利用率以及经济效益。表10-1所示为部分实例应用特点：

表 10-1 国内碳交易不同电价应用特点

地区	系统种类	奖惩特点	时间
中国海南	差别电价[227]（商用电）	水泥行业限制类：0.50元/(kW·h)； 水泥行业淘汰类：0.80元/(kW·h)； 钢铁行业限制类：0.20元/(kW·h)； 钢铁行业淘汰类：0.50元/(kW·h)	2010年
中国海南	环保电价[227]（商用电）	脱硫加价标准：1.50分/(kW·h)； 脱硝加价标准：1.00分/(kW·h)； 除尘加价标准：0.20分/(kW·h)； 超低排放加价标准：1.00分/(kW·h)	2011年
陕西宁夏	阶梯电价[219]（民用电）	分三档次： 第一阶梯：0~170(kW·h)，0.4486元/(kW·h)； 第二阶梯：171~260(kW·h)，0.4986元/(kW·h)； 第三阶梯：260(kW·h)以上，0.7486元/(kW·h)	2012年
中国江苏	惩罚性电价[238]（商用电）	超过限额标准一倍以内加价标准：0.10元/(kW·h)； 超过限额标准一倍以上加价标准：0.30元/(kW·h)。 若两年内未整改或整改不到位，加价标准分别提高至： 0.15/(kW·h)、0.35/(kW·h)	2019年
中国湖北	阶梯电价[239]（商用电）	阶段性降低工商业电价，对全省范围内非高耗能的 工业及一般工商业用户减免电费5.00%左右	2020年
中国福建	分时电价[240]（民用电）	根据用电负荷划分峰、平、谷三时段不同定价，分别为： 0.684元/(kW·h)、0.507元/(kW·h)、0.304元/(kW·h)	2020年
中国天津	阶梯电价（民用电）	第一档：0~220kW·h/户，0.49元/(kW·h)； 第二档：221~400(kW·h)/户，0.54元/(kW·h)； 第三档：400以上(kW·h)/户，0.79元/(kW·h)	2021年

表 10-2　　　　　　　　　　　国外碳交易不同电价应用特点

地区	系统种类	奖惩特点	时间
韩国	阶梯电价[219]（民用电）	分六档次： 第一阶梯：0～100kW·h，0.30 元/(kW·h)； 第二阶梯：101～120kW·h，0.60 元/(kW·h)； 第三阶梯：201～300kW·h，0.90 元/(kW·h)； 第四阶梯：301～400kW·h，1.40 元/(kW·h)； 第五阶梯：401～500kW·h，2.20 元/(kW·h)； 第六阶梯：501～600kW·h，3.80 元/(kW·h)	2020 年
日本	阶梯电价[219]（民用电）	分三档次： 第一阶梯：0～120kW·h，1.45 元/(kW·h)； 第二阶梯：121～300kW·h，1.90 元/(kW·h)； 第三阶梯：300kW·h 以上，2.00 元/(kW·h)	2020 年
德国	可再生能源电价[233]	从 2022 年起调整可再生能源收费标准为 0.065 欧元/kW（此前为 0.067 56 欧元/kW）， 折合人民币 0.482 元/kW（按 2021 年 10 月 28 日人民币兑欧元中间价折算）	2021 年

第二节　燃煤电厂的碳减排奖惩

2017 年，我国工业企业生产总值达到 27.8 万亿元，其中工业能源消耗占到全国总能源的 65.7% 左右[241]。工业生产的能源消耗主要用于电厂和锅炉，即发电供热设施，现阶段我国的主要依靠煤炭进行发电供热，在消耗能源的同时产生大量温室气体及污染物，因此，降低发电供热设施的碳排放量与污染物排放量有利于工业生产朝着绿色环保的方向发展，助力"双碳"目标早日实现。

一、实施环保电价

我国发改委于 2014 年出台《燃煤发电机组环保电价及环保设施运行监管办法》，以价格为基准对燃煤发电供热机组进行激励与约束，对促进其减少污染物排放、改善大气环境质量等方面起到了一定积极作用[242,243]。张晶杰等[244]先对我国环保电价实施效果进行分析，发现该方式有效提高了燃煤发电企业治污积极性，降低相关烟气污染物排放量，同时通过调查不同条件下的燃煤发电企业污染治理成本构成情况，提出了环保电价改革应循序渐进、区别对待等建议；阿永嘎[245]介绍了内蒙古燃煤发电机组环保电价核定系统的总体架构、功能特点以及运行分析，结果显示该系统实现了环保电价的智能核定，能够有效提高监测数据核定工作的效率。

二、实施可再生能源电价

发电端可再生能源利用是当前推进碳减排工作的有效方式之一，据调查显示，

2000—2021 年间我国可再生能源发电累计装机容量从 0.82 亿 kW 增长至 10.63 亿 kW，发电量从 0.24 万亿 kW·h 增长至 2.48 万亿 kW·h，年均增长分别为 12.98% 和 11.76%。Zhao 等[246]认为在风电发展的不同阶段应采取对应电价调配（即溢价定价和竞价上网定价机制）有助于提高电价政策的有效性；王凤云等[247]基于向量自回归模型分析电价补贴对风电、光伏发电和生物质能发电装机容量的影响效应，研究表明电价补贴对三者装机容量增长的贡献有限；Marcella 等[248]利用面板数据研究了 2000—2010 年间补贴政策对德、法、英、意、西五个国家的可再生能源发展的促进作用，发现对可再生能源补贴与激励能源生产以及装机容量之间存在正相关。

三、实施碳排放权交易

作为重要减排主体之一，电厂的减排压力较大、难度更高，碳交易的实施能够降低碳减排成本，加快促进产业结构升级转型，推动新型清洁电力的发展。例如，欧盟最早推出基于碳排放权交易制下的"欧盟排放配额"交易；兴业银行开通低碳信用卡，从中抽取部分金额购买自愿减排量等。刘海波[249]以建筑碳排放权交易体系建设为出发点，探讨了讨建筑碳排放权交易的减排效应及其作用机理并进行研究，结果发现碳市场交易体系构建能够有效解决碳排放的负外部性，将外部成本内部化，实现全社会的帕累托最优，具有可观的可行性和优越性。覃涛[250]以 H 燃煤发电公司为例，研究、分析了基于碳排放权交易的应对策略，其结果认为公司应顺应国家热电联产政策指引，利用发电余热对外集中供热，降低公司供电煤耗，降低碳强度。

四、实施排污权交易

排污权是排污者排放污染物的权力[251]，该交易是指通过升级改造等方式使污染企业在环境允许范围内进行排污，以此对工业污染源进行有效控制管理。例如截至 2020 年，浙江省已累计排污权交易 2.6 万笔、交易金额 38.4 亿元；贵州省自 2014 年排污权交易工作正式启动以来，共计有 27 家出让单位（火电类型 7 家）与 38 家受让单位（火电类型 15 家）参与了交易。表 10-3 列出了燃煤电厂碳减排奖惩实例。

表 10-3 　　　　　　　　　　　　　**燃煤电厂碳减排奖惩实例**

电价种类	地区	奖惩实例	时间
环保电价	浙江省绍兴市	截至 2021 年，绍兴市已对全市 16 家非省统调燃煤发电企业进行环保电价专项执法检查，共上缴 1268 万元电价款，现计划实施"自查＋复核＋上缴＋处罚"四位一体监管模式	2021 年[252]
可再生能源电价	内蒙古自治区	内蒙古自治区开展 2022 年燃煤自备电厂可再生能源替代工程申报，旨在推动自治区燃煤自备电厂可再生能源替代，改变传统供电方式、降低煤耗水平，要求配置新能源规模不高于自备电厂调峰空间，保证与自备电厂的最大总出力不变，不得占用公网调峰资源	2022 年[253]
	浙江省温州市	温州规划年产能 20GW·h 的动力电池产业基地，发展壮大新能源产业、加快构建"核风光水蓄氢储"全产业链	2022 年[254]

续表

电价种类	地区	奖惩实例	时间
碳排放权交易	广东省珠海市	大湾区对"智慧能源系统、分布式能源研发""绿色建筑应用技术"等前景广阔的绿色科技领域企业减按15％的税率征收企业所得税	2023 年[255]
	陕西省	积极参与全国用能权、排污权、碳排放权市场化交易；完善碳排放配额总量确定和分配方案；健全碳汇补偿和交易机制，探索将碳汇纳入生态保护补偿范畴。推动落实企业、金融机构等碳排放报告和信息披露制度；落实用能权有偿使用和交易制度；积极参与全国用能权交易市场建设	2022 年[256]
排污权交易	宁夏回族自治区石嘴山市大武口区	大武口区鼓励企业开展环保技术改造，先后投入 300 余万元资金，撬动 24 家企业投入 1000 余万元资金开展低氮燃烧、双碱法脱硫、硫氨尘一体化设施等污染物治理设施技术升级改造，排污权改革以来累计减少排放氮氧化物 100.16t、二氧化硫 30.57t	2022 年[257]

第三节 应用案例分析

一、多能互补系统

按照城市规划目标，综合考虑城市建设和发展，增加约束影响碳排放的计算因子，对碳达峰、碳中和与城市发展规律、功能结构等的关系进行拟合与修正，这里以建筑方面（包括城镇住宅、农村住宅和公共建筑）为例，主要考虑住宅控制情况，以及绿色节能建筑建设推广情况，对多能互补系统及阶梯电价模式下的碳排放进行模拟、预测。

根据《建筑碳排放计算标准》（GB/T 51366—2019）、《民用建筑能耗标准》（GB/T 51161—2016）、《中国建筑能耗研究报告》《综合能耗计算通则》（GB/T 2589—2020）等相关标准，以建筑面积为进行碳排放量化计算，即

$$Q_{现状建筑} = E_{现状住宅} + E_{现状公建} \tag{10-1}$$

其中，$E_{现状住宅}$ ＝现状人口数量×现状人均居住建筑面积×能耗碳排因子，$E_{现状公建}$ ＝现状公共建筑面积×能耗碳耗碳排（能耗碳排因子见表 10-4）。

表 10-4 居住建筑和公共建筑能耗碳排放因子

建筑类型（大类）	建筑类型（小类）	综合电耗指标值（kW·h/a）	燃气消耗指标值（m³/a）	备注
居住建筑	城镇建筑	3100	200	（1）建筑能耗指标：住户数。（2）综合电耗指标值：住户数
	农村建筑	3100	300	
公共建筑	办公建筑	60/75	按公用建筑使用情况计算	（1）建筑能耗指标：以建筑面积为主。（2）综合电耗指标值：按单位面积
	商场建筑/酒店宾馆	110～140	按公用建筑使用情况计算	

若对规划建筑，则需考虑住宅和公建空置率指标，碳排放应按照如下量化计算，即

$$Q_{规划建筑} = E_{规划住宅} \times 住宅空置率 + E_{规划公建} \times 公建空置率 \quad (10\text{-}2)$$

其中，$E_{规划住宅} = 规划人口数量 \times 规划人均居住建筑面积 \times 能耗碳排因子$，$E_{规划公建} = 规划公共建筑面积 \times 能耗碳排因子$[258]。

与传统功能系统相比，多能互补系统将能量梯级利用，传统能源发电与可再生能源发电协同应用，在有效提高发电灵活性的同时大大降低了二氧化碳的排放量。

传统分产功能系统碳排放量计算[259]式为

$$CDE_{SP} = G_g \times \sum_{t=1}^{H} Q_{GB}^{SP,t} / \eta_{GB} \times \Delta t + G_e \times \sum_{t=1}^{H} P_{grid}^{SP,t} \times \Delta t \quad (10\text{-}3)$$

多能互补系统碳排放量计算[259]式为

$$CDE_{M} = G_g \times \sum_{t=1}^{H} (P_{PGU}^{t} / \eta_{PGU} + Q_{GB}^{t} / \eta_{PGU}) \times \Delta t + G_e \times \sum_{t=1}^{H} P_{grid}^{t} \times \Delta t \quad (10\text{-}4)$$

式中，$Q_{GB}^{SP,t}$ 为在 t 时刻分产系统中燃气轮机的产热功率，kW；$P_{grid}^{SP,t}$ 为在 t 时刻分产系统中向电网购电功率，kW；G_g 为天然气的二氧化碳排放因子，kg/kW；G_e 为电网的二氧化碳排放因子，kg/kW。

据侯智华[259]研究发现，多能互补系统在二氧化碳排放量方面的优化效果最为明显，在夏季典型日可减少二氧化碳排放 49%～54%，在冬季典型日可减少二氧化碳排放 36%～49%。

二、阶梯电价

阶梯电价推行的主要作用有三点：一是保证社会公平性，减少电力"补贴倒挂"的现象；二是补偿电力企业的发电供电成本；三是促进社会节能减排，加强居民用户节电节能意识，最终实现消费者效用的最大化和电能资源的高效配置。以天津市为例进行考察，天津市自 2012 年起开始实行"一户一表"居民生活用电阶梯电价，每月用电量分三档，其标准[260]为

$$E_1 = 0.49 Q_1 (Q_1 \leqslant 220) \quad (10\text{-}5)$$
$$E_2 = 0.54 Q_2 (221 \leqslant Q_2 \leqslant 400) \quad (10\text{-}6)$$
$$E_3 = 0.79 Q_3 (Q_3 \geqslant 400) \quad (10\text{-}7)$$

式中：E_1、E_2、E_3 为每月每户电价，元/(kW·h)；Q_1、Q_2、Q_3 为每月每户电量，kW·h/户。

表 10-5 是自 2013 年起天津市开始执行阶梯电价政策后七年间居民每年用电量增长情况统计表。

表 10-5　　　　天津市执行阶梯电价政策后居民用电增长情况

年份	居民用电量(亿 kW·h)	增长率（%）
2013[261]	95.37	—
2015[262]	87.29	−8.47

年份	居民用电量(亿 kW·h)	增长率（%）
2016[263]	92.82	6.3
2017[264]	99.68	7.39
2018[265]	111.62	11.98
2019[266]	114.20	2.31
2020[267]	126.11	10.43

从统计数据可以看出，增长率一直处于波动状态，阶梯电价政策的施行在短时间内能够激发人们的节能意识，引起人们的重视，从而使用电量增长速度放缓，但随着时间增长，人们逐渐开始习惯阶梯电价机制的存在，节能意识又回到了当初，用电量的增长率又开始回升。

第十一章

燃煤机组耦合碳捕集的技术展望

一、关于燃煤机组耦合碳捕集技术的一些总结

在"双碳"背景下，捕碳集技术在国际社会的重视程度，达到了前所未有的高度。国际上将碳捕集、利用与封存（CCUS）作为实现长期减碳减排的重要措施，CCUS 技术对于降低全球二氧化碳排放量至关重要。对于燃煤机组调峰的灵活性问题，应从机组自身的性能、抽汽辅助调节以及耗电驱动调节的角度进行考虑。而对于燃煤供热机组的灵活性问题，应从燃煤供热形式、性能评价参数以及耦合储能形式的角度进行考虑。同时燃煤机组耦合碳捕集技术，可以结合掺烧污泥技术、耦合生物质以及储能技术进行应用，将机组的燃烧特性、碳排放性质以及经济效益优化，以得到高效率，且低碳环保的燃煤机组。

二、关于燃煤机组耦合碳捕集未来研究方向的展望

在节能减排背景下，燃煤机组碳捕集技术变得至关重要的同时，也需要对自身技术进行优化。其中主要存在以下潜在方向。

1. 燃煤机组的灵活性改造

对于提高燃煤机组自身的灵活性可以从以下角度出发：

（1）机组自身。从机组自身的角度出发，在机组调峰方面可以通过锅炉低负荷稳燃技术、旁路改造等提升机组负荷速率以及变负荷下污染物的生成与控制等几方面来提高机组的灵活性。在机组供热改造可以通过为旁路供热改造、增加背压汽轮机、高背压改造以及切缸改造等方式提高机组的灵活性。

（2）抽汽辅助调节。可以通过抽汽辅助调节的方式，对机组的灵活性进行改造。针对不同的抽汽用途，有着众多提高机组灵活性的改造方案，但目前仍以抽汽供热改造为主要研究方向。未来可以进一步深入研究抽汽辅助调节，以提高机组的灵活性。

（3）耗电驱动调节。通常来说机组耗电驱动调节，大多情况下被用于实现机组的优化调整，如智能监测、污染物处理等。伴随着节能降耗的要求，电厂也可以通过耗电驱动调节，燃煤调峰机组的灵活性进行改造。

（4）耦合碳捕集装置。耦合碳捕集装置，也可以对燃煤机组的灵活性进行改善，目

前主流的技术为二氧化碳碳捕集技术和燃煤机组耦合碳捕集系统。

（5）耦合储能形式。耦合储能形式也是目前灵活性改造的方式之一，其中包括耦合飞轮储能、耦合熔盐储热以及耦合蓄电池储能。

2. 与不同技术结合提高燃煤机组效益

（1）燃煤机组掺烧污泥。污泥本身具有污染性，将燃煤机组与污泥掺杂焚烧，在环保、热量和经济收益方面均有一定的优势。同时是降解有机物，实现污泥稳定化、减量化的一种有效方法。

（2）燃煤机组耦合生物质。生物质在燃烧和发电利用过程中不产生碳排放，是一种"零碳"燃料，因此掺烧生物质，在能提供部分热量的同时，可以显著降低燃煤机组碳排放。因此，在"双碳"背景下，耦合生物质燃煤机组是一种实际意义的发展方向。

（3）储能技术。机组发电若不能及时使用将产生资源浪费。因此提高燃煤机组的调峰能力至关重要。燃煤机组耦合储能技术是提高燃煤机组调峰能力的重要途径，可有效缓解电网供需平衡问题。

3. 低碳背景下的燃煤调峰机组

碳交易市场下，应当对燃煤调峰机组的碳排放量进行测量，通过碳监测、生命周期、排放因子、模型法以及物料衡算法等方法，对燃煤机组的碳排放量进行监控，以实现低碳环保的目的。同时在监控碳排放的基础上，应对低污染、低碳排放的燃煤机组进行补贴，对高碳排放的机组进行惩罚，用以建立奖惩分明的碳排放机制。

参 考 文 献

[1] 秦楠楠. 我国低碳经济发展的公共政策问题研究——评《气候解决方案设计方法：低碳能源政策指南》[J]. 生态经济，2022，38（12）：230-231.

[2] 中国政府网. 习近平在第七十五届联合国大会一般性辩论上的讲话 [EB/OL].（2020-09-22）[2022-05-20]. http：//www. gov. cn/xinwen/2020-09/22/content_5546169. htm.

[3] 中国政府网. 中共中央关于制定国民经济和社会发展第十四个五年规划和二〇三五年远景目标的建议 [EB/OL].（2020-11-03）[2022-05-20]. http：//www. gov. cn/zhengce/2020-11/03/content_5556991. htm.

[4] 唐云霓，闫如雪，周艳玲. 碳中和愿景下能源政策的结构表征与优化路径 [J/OL]. 清华大学学报（自然科学版）：1-14.

[5] 岑彬."双碳"背景下可再生能源发展中"弃风弃光"的问题及消纳措施 [J]. 中阿科技论坛（中英文），2022（10）：60-63.

[6] 王璐，王铭禹. 弃风弃光局地抬头新能源堵点待通 [N]. 经济参考报，2022-06-06（007）.

[7] 鲁宗相，李海波，乔颖. 含高比例可再生能源电力系统灵活性规划及挑战 [J]. 电力系统自动化 2016，40（13）：147-158.

[8] 张昆，孙悦，王池嘉，等. 碳捕集、利用与封存中 CO_2 腐蚀与防护研究 [J]. 表面技术，2022，51（09）：43-52.

[9] 孙东鹏，郑园，陈东. 微流控在二氧化碳捕集、利用与封存的研究 [J/OL]. 能源环境保护：1-8.

[10] 杨茂佳. 碳排放权交易市场对企业生产效率的影响研究 [D]. 重庆理工大学，2022.

[11] 于雪菲，不确定条件下电厂和碳捕集装置同步调度，大连理工大学 [D]，2022.

[12] James C F, Ranjani V S, Robert W S. Process for CO_2 capture from high-pressure and moderate-temperature gas streams [J]. Industrial & Engineering Chemistry Research，2012，51：5273-5281.

[13] 李建华，周念南. 二氧化碳捕集技术研究进展 [J]. 化工设计通讯，2022，48（12）：92-94，195.

[14] 毛玉如. 循环流化床富氧燃烧技术的试验和理论研究 [D]. 杭州：浙江大学，2003.

[15] 吴黎明，潘卫国，郭瑞堂，等. 富氧燃烧技术的研究进展与分析 [J]. 锅炉技术，2011，42（1）：36-38.

[16] 桂霞，王陈魏，云志，等. 燃烧前 CO_2 捕集技术研究进展 [J]. 化工进展. 2014，33（7）：1895-1901.

[17] 纪龙，曾鸣. 燃煤电厂 CO_2 捕集与利用技术综述 [J]. 煤炭工程，2014，46（3）：90-92.

[18] 李志新. 烟气钙基碳捕集技术实验和模拟研究，浙江大学 [D]，2022.

[19] 闵剑，加璐. 我国碳捕集与封存技术应用前景分析 [J]. 石油石化节能与减排，2011，1（02）：21-27.

[20] 王旭东，耦合纯氧气化的煤化学链燃烧捕集 CO_2 研究 [D]，东南大学，2019.

[21] 李振山，韩海锦，蔡宁生. 化学链燃烧的研究现状及进展 [J]. 动力工程，2006，26（4）：538-543.

[22] 刘志刚. CO_2 捕集技术的研究现状与发展趋势 [J]. 石油与天然气化工，2022，51（04）：24-32.

［23］郭宇红．燃煤电厂碳捕集技术及节能优化研究进展［J］. 山西电力，2021，6：46-49.

［24］梅祥．氨水碳捕集技术研究进展［J］. 能源化工，2019，40（4）：17-21.

［25］步学朋．二氧化碳捕集技术及应用分析［J］，洁净煤技术，2014，20（5）：9-19.

［26］陈旭，杜涛，李刚，等．吸附工艺在碳捕集中的应用现状［J］. 中国电机工程学报，2019，39（s）：155-163.

［27］雷婷，喻树楠，周昶安，等．吸附法碳捕集固体胺吸附剂成型技术研究进展［J］. 化工进展，2022，41（12）：6213-6225.

［28］Asadi E，Ghadimi A，Hosseini S S，et al. Surfactant-mediated and wet-impregnation approaches for modification of ZIF-8 nanocrystals：Mixed matrix membranes for CO_2/CH_4 separation ［J］. Microporous and Mesoporous Materials，2022，329：111539.

［29］江砚池，张忠孝，范浩杰，等．单级-两级膜分离法分离 CO_2/CH_4 实验研究［J］. 锅炉技术，2020，51（2）：73-79.

［30］Siagian U W R，Raksajati A，Himma N F，et al. Membrane-based carbon capture technologies：Membrane gas separation vs. membrane contactor ［J］. Journal of Natural Gas Science and Engineering，2019，67：172-195.

［31］王志，原野，生梦龙，等．膜法碳捕集技术——研究现状及展望［J］. 化工进展，2022，41（3）：1097-1101.

［32］徐勇庆，鲁博文，张泽武，等．K 改性钙基吸附剂的 CO_2 捕集特性研究［J］. 工程热物理学报．2022，43（08）：2106-2110.

［33］Abanades J C，Grasa G，Alonso M，et al. Cost structure of a postcombustion CO_2 capture system using CaO ［J］. Environmental Science & Technology，2007，41（15）：5523-5527.

［34］陈江涛．钙基吸收剂 CCCR 过程动力学及微观结构演变特性研究［D］. 华北电力大学，2013.

［35］Zhang W，Jin X.，Tu W，Ma，Q，Mao，M.，& Cui，C. Development of MEA-based CO_2 phase change absorbent ［J］. Applied Energy，2017，195，316-323.

［36］Lv，B.，Jing，G.，Qian，Y.，& Zhou，Z. An efficient absorbent of amine-based amino acid-functionalized ionic liquids for CO_2 capture：High capacity and regeneration ability ［J］. Chemical Engineering Journal，2016，289，212-218.

［37］搜狐网．国内外碳捕集、利用与封存（CCUS）示范项目及经验浅析［EB/OL］.（2022-07-07）［2022-05-20］. http：//news. sohu. com/a/564736304_777213. htm.

［38］Abanades J C. The maximum capture efficiency of CO_2 using a carbonation /calcination cycle of $CaO/CaCO_3$ ［J］. Chem. Eng. J.，2002，90（3）：303-306.

［39］Borgwardt R H. Calcium oxide sintering in atmospheres containing water and carbon dioxide ［J］. Ind. Eng. Chem. Res.，1989，28（4）：493-500.

［40］Bhatia S K，Perlmutter D D. Effect of the product layer on the kinetics of the CO_2-lime reaction ［J］. AIChE Journal，1983，29（1）：79-86.

［41］Oakeson W G，Cutler I B. Effect of CO_2 pressure on the reaction with CaO ［J］. J. Am. Ceram. Soc.，1979（62）：556-558.

［42］陈小华，郑瑛，郑楚光，等．CaO 再碳酸化的研究［J］. 华中科技大学学报：自然科学版，2003，31（4）：54-55.

［43］Borgwardt R H. Sintering of nascent calcium oxide ［J］. Chemical Engineering Science，1989，44（1）：53-60.

［44］ 王抱薇，张成芳，钦淑均．MDEA 溶液吸收 CO_2 动力学研究［J］．化工学报，1991，4：466-473.

［45］ 徐国文，张成芳，钦淑均，等．CO_2 在 MDEA 水溶液中的溶解度测定及数学模型［J］．化工学报，1993，44（6）：677-684.

［46］ 陈龙．MEA 对 MDEA 吸收 CO_2 的影响特性［D］．华北电力大学，2013.

［47］ 张广才，周科，鲁芬，等．燃煤机组深度调峰技术探讨［J］．热力发电，2017，46（9）：17-23.

［48］ 卢勇振．新形势下煤电机组灵活性改造技术研究［J］．锅炉技术，2022，53（06）：72-76＋80.

［49］ 侯玉婷，李晓博，刘畅，等．火电机组灵活性改造形势及技术应用［J］．热力发电，2018，47（05）：8-13.

［50］ 陈子曦，王庆，王泉海，等．富氧低 NO_x 稳燃技术在 300MW 煤粉锅炉机组灵活性调峰中的应用［J］．洁净煤技术，2020，26（4）：134-139.

［51］ 王建勋．650 MW 超临界机组低压缸零出力技术的灵活性调峰能力及经济性分析［J］．热能动力工程，2021，36（02）：18-23.

［52］ 金国强，高耀岿，张丽霞．储热罐改造对供热机组热电解耦及调峰能力的影响研究［J］．汽轮机技术，2021，63（2）：133-136，114.

［53］ 陈永辉，李志强，蒋志庆，等．基于电锅炉的火电机组灵活性改造技术研究［J］．热能动力工程，2020，35（01）：261-266.

［54］ 潘尔生，田雪沁，徐彤，等．火电灵活性改造的现状、关键问题与发展前景［J］．电力建设，2020，41（09）：58-68.

［55］ 陈文静．基于新能源消纳背景下火力发电机组深度调峰的分析与研究［J］．冶金动力，2022（05）：5-8.

［56］ 冯树臣，张金祥．超临界纯凝机组灵活性调峰控制技术研究与应用［J］．电力科技与环保，2019，35（01）：40-42.

［57］ 刘文胜，吕洪坤，童家麟，等．600MW 亚临界锅炉深度调峰动态试验研究［J］．锅炉技术，2021，52（02）：19-24.

［58］ 李沙．600MW 机组锅炉低负荷脱硝投运改造工程实践［J］．锅炉技术，2019，50（01）：64-69.

［59］ 何洪浩，李文军，陈文，等．630MW 超临界火电机组深度调峰适应性研究［J］．电站系统工程，2022，38（01）：50-52.

［60］ 华敏，董益华，项群扬，等．超临界 660MW 燃煤机组深度调峰试验研究［J］．电站系统工程，2019，35（05）：35-36＋40.

［61］ 韩陶亚．火电机组灵活性改造项目全过程风险评估研究［D］．华北电力大学（北京），2020.

［62］ 牟春华，居文平，黄嘉驷，等．火电机组灵活性运行技术综述与展望［J］．热力发电，2018，47（05）：1-7.

［63］ 杨学权，凌崇光，冉燊铭，等．基于汽机抽汽-锅炉再加热的中温中压供汽系统设计［J］．电站系统工程，2022，38（03）：21-25.

［64］ 黄琪薇，林俊光，黄之成，等．50MW 抽汽背压式热电联产机组的给水泵驱动方式选择与优化［J］．浙江电力，2017，36（09）：71-74.

［65］ 杨勇平，张晨旭，徐钢，等．大型燃煤电站机炉耦合热集成系统［J］．中国电机工程学报，2015，35（02）：375-382.

［66］ 邹小刚，刘明，肖海丰，等．火电机组耦合熔盐储热深度调峰系统设计及性能分析［J/OL］．热力发电：1-8［2023-01-13］.

[67] 李斌，陈吉玲，李晨昕，等. 压缩空气储能系统与火电机组的耦合方案研究 [J]. 动力工程学报，2021，41 (03)：244-250.

[68] 郑飞，陈晓利，高继录，等. 抽汽供热机组深度调峰灵活性改造技术研究 [J]. 汽轮机技术，2021，63 (02)：144-146＋150.

[69] 杜威，孙建磊，杨海生. 热网循环泵不同驱动方式下热经济性比较 [J]. 河北电力技术，2022，41 (01)：84-87.

[70] 史志杰，闫丽涛，贾绍广，等. 一种利用汽轮机低压能级抽汽提高锅炉原煤温度的技术研究 [J]. 节能技术，2016，34 (03)：258-261.1.

[71] 林隆. 东方电厂 350MW 超临界纯凝机组工业供热改造 [J]. 热力透平，2020，49 (04)：281-283＋314.

[72] 李峻，祝培旺，王辉，等. 基于高温熔盐储热的火电机组灵活性改造技术及其应用前景分析 [J]. 南方能源建设，2021，8 (3)：63-70.

[73] Zhao S，Ge Z，Sun J，et al. Comparative study of flexibility enhancement technologies for the coal-fired combined heat and power plant [J]. Energy Conversion and Management，2019，184：15-23.

[74] Chen H，Yao X，Li J，et al. Thermodynamic analysis of a novel combined heat and power system incorporating a CO_2 heat pump cycle for enhancing flexibility [J]. Applied Thermal Engineering，2019，161：114160.

[75] 田景奇，方旭，王天堃，等. 风-光-蓄电-燃煤互补系统的参数匹配优化 [J]. 热力发电，2022，51 (5)：27-33.

[76] 隋云任. 飞轮储能辅助 600MW 燃煤机组调频技术研究 [D]. 华北电力大学（北京），2020.

[77] 武诗宇，吴彦丽，白静利，等. 热泵回收热电联产乏汽余热研究进展 [J]. 洁净煤技术，2021，27 (S2)：323-327.

[78] 王伟，陈钢，常东锋，等. 超级电容辅助燃煤机组快速调频技术研究 [J]. 热力发电，2020，49 (08)：111-116.

[79] 宋震，张龙，徐广强，等. 耦合氢储能的火电机组在新型电力系统中的应用研究 [J]. 热力发电，2022，51 (11)：140-147.

[80] 王立健，王海涛，陶向宇等. 燃煤机组与燃后碳捕集系统的耦合技术研究 [J]. 华北电力大学学报（自然科学版），2017，44 (05)：104-110.

[81] 韩中合，王营营，周权，等. 燃煤电厂与醇胺法碳捕集系统耦合方案的改进及经济性分析 [J]. 煤炭学报，2015，40 (S1)：222-229.

[82] 刘骏，袁鑫，陈衡，等. 低压缸零出力改造对配备碳捕集燃煤电站灵活性提升作用分析 [J/OL]. 热力发电：1-10 [2023-02-14].

[83] 赵红涛，王树民，张曼. 低能耗碳捕集技术及燃煤机组热经济性研究 [J]. 现代化工，2021，41 (01)：210-214.

[84] 张利君. 基于技术经济学的碳捕集系统与燃煤电厂耦合对比研究 [J]. 现代化工，2017，37 (10)：189-192.

[85] 姜锦涛，李春曦，董志坚，等. 太阳能辅助燃煤碳捕集发电机组的变工况热力性能研究 [J]. 动力工程学报，2022，42 (04)：341-349.

[86] 张学镭，王高锋，张卓远. 燃煤火力发电机组与钙基 CO_2 捕集系统的一体化设计与分析 [J/OL]. 中国电机工程学报：1-12 [2023-02-17].

[87] 程耀华，杜尔顺，田旭，等．电力系统中的碳捕集电厂：研究综述及发展新动向［J］．全球能源互联网，2020，3（04）：339-350.

[88] 徐伟轩．基于燃煤机组供热改造方案技术经济性研究［J］．南方能源建设，2022，9（03）：88-93.

[89] 宣伟东．300MW 机组高低旁路联合供热改造实践分析［J］．节能技术，2020，38（06）：561-564.

[90] 戴昕，范丽凯．300MW 空冷机组高背压供热改造及应用［J］．自动化应用，2020，（11）：46-48.

[91] 张钦鹏，王学栋，李峰．330MW 汽轮机组切除低压缸运行的供热能力和调峰能力分析［J］．山东电力技术，2020，47（12）：72-76.

[92] 华志刚，周乃康，袁建丽，等．燃煤供热机组灵活性提升技术路线研究［J］．电站系统工程，2018，34（06）：9-12.

[93] 周国强，赵树龙．汽轮机高、低压旁路联合供热应用研究［J］．东北电力技术，2019，40（11）：1-4.

[94] 王力，陈永辉，李波，等．300MW 机组高背压供热改造方案及试验分析［J］．汽轮机技术，2018，60（05）：385-388.

[95] 刘帅，郑立军，俞聪，等．200MW 机组切除低压缸进汽供热改造技术分析［J］．华电技术，2020，42（06）：76-82.

[96] 张彦鹏，李思，祝令凯，等．300MW 切缸供热机组调节能力试验研究［J］．山东电力 d 技术，2022，49（05）：63-67＋80.

[97] 王骐，刘亚南，刘网扣．某 600MW 机组汽轮机低压缸切除改造［J］．发电设备，2019，33（05）：366-370.

[98] 郑琼，江丽霞，徐玉杰，等．碳达峰、碳中和背景下储能技术研究进展与发展建议［J］．中国科学院院刊，2022，37（04）：529-540.

[99] 赵韩，杨志轶，王忠臣．新型高效飞轮储能技术及其研究现状［J］．中国机械工程，2002（17）：87-90＋6.

[100] 张文亮，丘明，来小康．储能技术在电力系统中的应用［J］．电网技术，2008（07）：1-9.

[101] 隋云任，梁双印，黄登超，等．飞轮储能辅助燃煤机组调频动态过程仿真研究［J］．中国电机工程学报，2020，40（08）：2597-2606.

[102] 何林轩，李文艳．飞轮储能辅助火电机组一次调频过程仿真分析［J］．储能科学与技术，2021，10（05）：1679-1686.

[103] 洪烽，梁璐，逄亚蕾，等．基于机组实时出力增量预测的火电-飞轮储能系统协同调频控制研究［J］．中国电机工程学报：1-14.

[104] 杨伟明．超超临界发电机组耦合飞轮储能调频技术研究［D］．华北电力大学（北京），2021.

[105] 周科，李银龙，李明皓，等．燃煤发电-物理储热耦合技术研究进展与系统调峰能力分析［J］．洁净煤技术，2022，28（03）：159-172.

[106] 王惠杰，董学会，昝永超，等．熔盐储热型塔式太阳能与燃煤机组耦合方式及热力性能分析［J］．热力发电，2019，48（07）：47-52.

[107] 王辉，李峻，祝培旺，等．应用于火电机组深度调峰的百兆瓦级熔盐储能技术［J］．储能科学与技术，2021，10（05）：1760-1767.

[108] 周林，黄勇，郭珂，等．微电网储能技术研究综述［J］．电力系统保护与控制，2011，39（07）：147-152.

［109］ 饶宇飞，司学振，谷青发，等．储能技术发展趋势及技术现状分析［J］．电器与能效管理技术，2020，(10)：7-15.

［110］ 田景奇，方旭，王天堃，等．风-光-蓄电-燃煤互补系统的参数匹配优化［J］．热力发电，2022，51（05）：27-33.

［111］ 刘金恺，鹿院卫，魏海姣，等．熔盐储热辅助燃煤机组调峰系统设计及性能对比［J］．热力发电，2023，52（02）：111-118.

［112］ 田景奇，方旭，王天堃，等．风-光-蓄电-燃煤互补系统的参数匹配优化［J］．热力发电，2022，51（05）：27-33.

［113］ 马汀山，王妍，吕凯，等．"双碳"目标下火电机组耦合储能的灵活性改造技术研究进展［J］．中国电机工程学报，2022，42（S1）：136-148.

［114］ 韩中合，白亚开，王继选．太阳能辅助燃煤机组碳捕集系统对比研究［J］．华北电力大学学报（自然科学版），2015，42（04）：64-69.

［115］ 王立健，王海涛，陶向宇，等．燃煤机组与燃后碳捕集系统的耦合技术研究［J］．华北电力大学学报（自然科学版），2017，44（05）：104-110.

［116］ 赵文升，白睿，王莹莹，等．基于碳捕集的太阳能-燃煤机组热力系统性能分析［J］．太阳能学报，2016，37（02）：439-446.

［117］ 崔明浩，强天伟，向俊，等．溴化锂吸收式热泵技术 在热电冷联产中的应用分析［J］．洁净与空调技术，2018（2）：21-24.

［118］ Romeo L M，Bolea I，Escosa J M. Integration of power plant and amine scrubbing to reduce CO_2 capture costs［J］. Applied Thermal Engineering，2008，28：1039-1046.

［119］ 邵建林，郑明辉，郭宬昊，等．双碳目标下燃煤热电联产机组储能技术应用分析［J］．南方能源建设，2022，9（03）：102-110.

［120］ 肖先勇，郑子萱．"双碳"目标下新能源为主体的新型电力系统：贡献、关键技术与挑战［J］．工程科学与技术，2022，54（01）：47-59.

［121］ 高春辉，肖冰，尹宏学，等．新能源背景下储能参与火电调峰及配置方式综述［J］．热力发电，2019，48（10）：38-43.

［122］ NAVARRO J P J，AVVADIAS K C K，QUOILIN S，et al. The joint effect of centralised co-generation plants and thermal storage on the efficiency and cost of the power system［J］. Energy，2018，149：535-549.

［123］ 李相俊，王上行，惠东．电池储能系统运行控制与应用方法综述及展望［J］．电网技术，2017，41（10）：3315-3325.

［124］ 赵东声，高忠臣，刘伟．碳捕集火电与梯级水电联合优化的低碳节能发电调度［J］．电力系统保护与控制，2019，47（15）：148-155.

［125］ 赵红涛，王树民，张曼．低能耗碳捕集技术及燃煤机组热经济性研究［J］．现代化工，2021，41（01）：210-214.

［126］ 巴黎明，冯沛，赵璐璐，Lemmon John．电储能与燃煤发电机组联合调频响应［J］．分布式能源，2016，1（02）：44-49.

［127］ Miao Miao，Lou Suhua，Zhang Yuanxin，et al. Research on the Optimized Operation of Hybrid Wind and Battery Energy Storage System Based on Peak-Valley Electricity Price［J］. Energies，2021，14（12）.

［128］ 王一坤．徐晓光，王栩，等．燃煤机组多源耦合发电技术及应用现状［J］．热力发电，2022，

51 (1)：60-68.

[129] 李少华，刘冰，彭红文，等．燃煤机组耦合生物质直燃发电技术研究［J］．电力勘测设计，2021 (6)：7.

[130] 水电水力规划设计总院．中国可再生能源发展报告 2020［R］．北京：水电水力规划设计总院，2021.

[131] 周义，张守玉，郎森，等．煤粉炉掺烧生物质发电技术研究进展［J］．洁净煤技术，2022，28 (6)：26-34.

[132] 王飞，张盛，王丽花．燃煤耦合污泥焚烧发电技术研究进展［J］．洁净煤技术，2022，28 (3)：82-94.

[133] 周义，张守玉，郎森，等．煤粉炉掺烧生物质发电技术研究进展［J］．洁净煤技术，2022，28 (6)：26-34.

[134] 郭慧娜，吴玉新，王学斌，等．燃煤机组耦合农林生物质发电技术现状及展望［J］．洁净煤技术，2022，28 (3)：12-22.

[135] 彭倩．生物质水煤浆制备及燃烧气化研究［D］．浙江大学，2012.

[136] 徐彤．典型煤化工污泥改性及其与煤掺混制浆的研究［D］．煤炭科学研究总院，2022.

[137] 张涛，牛晓琴．城市生活垃圾处理技术方案［C］//《环境工程》2019 年全国学术年会论文集，2019：761-765.

[138] Ronims, Chowdhurys, Mamuns, et al. Biomass co-firing technology with policies, challenges, and opportunities：A global re- view［J］. Renewable and Sustainable Energy Reviews, 2017, 78：1089-1101.

[139] Khan A A, De Jong W, Jansens P J, et al. Biomass combus-tion in fluidized bed boilers：Potential problems and remedies［J］. Fuel Processing Technology, 2009, 90 (1)：21-50.

[140] Oladejo J, Shi K, Meng Y, et al. Biomass constituents inter- actions with coal during cofiring ［J］. Energy Procedia, 2019, 158：1640-1645.

[141] Perez-Jeldresr, Cornejo P Flores M, et al. A modeling approach to co-firing biomass/coal blends in pulverized coal utility boilers：Synergistic effects and emissions profiles［J］. Energy, 2017, 120：663-674.

[142] Vassilev S V, Vassileva C G, Vassilev V S. Advantages and disadvantages of composition and properties of biomass in comparison with coal：An overview［J］. Fuel, 2015, 158：330-350.

[143] Xiaohui Pei, Boshu He, Linbo Yan, Chaojun Wang, Weining Song, Jingge Song. Process simulation of oxy-fuel combustion for a 300MW pulverized coal-fired power plant using Aspen Plus［J］. Energy Conversion and Management, 2013, 76.

[144] 范翼麟，王志超，王一坤，等．碳税交易下的典型生物质混烧技术经济分析［J］．洁净煤技术，2021.

[145] Xuebin Wang, Houzhang Tan, Yanqing Niu, Mohamed Pourkashanian, Lin Ma, Erqiang Chen, Yang Liu, Zhengning Liu, Tongmo Xu. Experimental investigation on biomass co-firing in a 300MW pulverized coal-fired utility furnace in China［J］. Proceedings of the Combustion Institute, 2010, 33 (2)．

[146] Liu Yuanyi, Wang Xuebin, Xiong Yingying, et al. Study of bri-quetted biomass co-firing mode in power plants［J］. Applied Thermal Engineering, 2014, 63 (1)：266-271.

[147] 孙依．煤粉锅炉耦合生物质发电系统技术经济分析［D］．华中科技大学，2018.

[148] 柯辉 . 生物质流化床正压气化耦合燃煤发电实验与模拟研究 [D]. 华中科技大学，2020.

[149] 彭行行 . 基于燃烧后碳捕集的燃煤机组热力系统结构优化研究 [D]. 华北电力大学，2019.

[150] 刘炳成，李停停，张煜，等 . MEA/DEA 化学法捕集电厂烟气 CO_2 系统再生能耗分析 [J]. 太原理工大学学报，2010，41（5）：608-612.

[151] P. Galindo Cifre, K. Brechtel, S. Hoch, H. García, N. Asprion, H. Hasse, G. Scheffknecht. Integration of a chemical process model in a power plant modelling tool for the simulation of an amine based CO_2 scrubber [J]. Fuel, 2009, 88 (12) .

[152] Lucquiaud, Gibbins. On the integration of CO_2 capture with coal-fired power plants：A methodology to assess and optimise solvent-based post-combustion capture systems [J]. Chem Eng Res Des, 2011.

[153] Xu, GangHu, YueTang, BaoqiangYang, YongpingZhang, KaiLiu, Wenyi. Integration of the steam cycle and CO_2 capture process in a decarbonization power plant [J]. Applied thermal engineering: Design, processes, equipment, economics, 2014, 73 (1) .

[154] 黄忠源，李进，安洪光，等 . 天然气-蒸汽联合循环 - 碳捕获机组节能改造及烟气余热利用技术经济研究 [J]. 中国电机工程学报，2017，37（14）：4147-4155＋4294.

[155] 鲁军辉，王随林，唐进京，任可欣 . 可再生能源与余热协同辅助碳捕集技术研究现状与展望 [J]. 华电技术，2021，43（11）：97-109.

[156] 王立健，王海涛，陶向宇，等 . 燃煤机组与燃后碳捕集系统的耦合技术研究 [J]. 华北电力大学学报（自然科学版），2017，44（05）：104-110.

[157] 汤学忠 . 热能转换与利用第 2 版 [M]. 北京：冶金工业出版社，2002：268.

[158] 董志坚，叶学民，宋睿哲，等 . 660MW 燃煤发电机组的碳捕集系统余热利用和集成系统性能评估 [J]. 太阳能学报，2022，43（07）：203-211.

[159] 周云龙，李婷，杨美 . 集成 ORC 与太阳能的燃煤机组碳捕集热力系统性能分析 [J/OL]. 中国电机工程学报：1-12 [2023-02-23].

[160] 吕泉，李玲，朱全胜，等 . 三种弃风消纳方案的节煤效果与国民经济性比较 [J]. 电力系统自动化，2015，39（7）：75-83.

[161] 魏海姣，鹿院卫，张灿灿，等 . 燃煤机组灵活性调节技术研究现状及展望 [J]. 华电技术，2020，42（04）：57-63.

[162] 张婷 . 分布式蓄热在集中供热系统中的应用研究 [D]. 哈尔滨：哈尔滨工业大学，2017.

[163] 胡永生 . 太阳能与燃煤机组互补电站热力特性与集成机理研究 [D]. 北京：华北电力大学，2014.

[164] 刘金恺，鹿院卫，魏海姣，等 . 熔盐储热辅助燃煤机组调峰系统设计及性能对比 [J]. 热力发电，2023，52（02）：111-118.

[165] 徐游波，赵明，邱亚林，等 . 太阳能 CaO 高温储热辅助 CO_2 捕集燃煤发电系统 [J]. 太阳能学报，2017，38（01）：180-185.

[166] 周科，李银龙，李明皓，等 . 燃煤发电-物理储热耦合技术研究进展与系统调峰能力分析 [J]. 洁净煤技术，2022，28（03）：159-172.

[167] 张灿灿，吴玉庭，鹿院卫 . 低熔点混合硝酸熔盐的制备及性能分析 [J]. 储能科学与技术，2020，9（02）：435-439.

[168] 何石泉，丁静，陆建峰，等 . 管外高温熔盐的流动换热特性 [J]. 工程热物理学报，2013，34（01）：103-105.

[169] 任婷婷，唐建群，巩建鸣. 碳钢和低合金钢在熔盐中的腐蚀研究现状 [J]. 热加工工艺，2019，48（18）：12-17.

[170] 王长君，刘硕，丁薛峰. 相变储能技术在清洁供暖中的应用研究 [J]. 华电技术，2020，42（11）：91-96.

[171] Li Y, Zhang N, Ding Z. Investigation on the energy performance of using air-source heat pumpto charge PCM storage tank [J]. Journal of Energy Storage, 2020, 28：101270.

[172] Koelj R, Mlakar U, Zavrl E, et al. An experimental and numerical analysis of an improvedthermal storage tank with encapsulated PCM for use in retrofitted buildings forheating [J]. Energy and Buildings, 2021, 248：111196.

[173] Alkhwildi A, Elhashmi R, Chiasson A. Parametric modeling and simulation of low temperaturereenergy storage for cold-climate multi-family residences using a geothermal heatpump system with integrated phase change material storage tank [J]. Geothermics, 2020, 86：101864.

[174] 范文英，蒋绿林，蔡宝瑞，等. 空气源相变储能复合热泵系统的运行分析 [J]. 可再生能源，2021，39（09）：1175-1182.

[175] 王长君，闫君，董勇，等. 相变储能技术在热泵系统中的应用综述 [J]. 综合智慧能源，2022，44（04）：51-64.

[176] 胡乔良，李伟，郜宁，等. 基于供热负荷的吸收式热泵供热机组变工况性能分析 [J]. 中国测试，2020，46（11）：163-168.

[177] 刘云锋，等. 高效宽负荷叶型气动性能研究 [J]. 汽轮机技术，2018，60（4）：276-278.

[178] 刘刚. 吸收式热泵在供热机组中适用性及经济性研究 [J]. 汽轮机技术，2018，60（03）：216-220.

[179] 陈圆. 吸收式热泵机组在北方某垃圾焚烧厂的应用经济分析 [J]. 能源与环境，2021（4）：29-31.

[180] 张抖，张光明，牛玉广，等. 吸收式热泵对热电联产机组调峰能力影响分析 [J]. 热力发电，2021，50（10）：95-100.

[181] 胡乔良，李伟，郜宁，刘伟，林翔. 基于供热负荷的吸收式热泵供热机组变工况性能分析 [J]. 中国测试，2020，46（11）：163-168.

[182] 葛世文. 热电厂热水储热罐热特性与控制应用研究 [D]. 华北电力大学，2019.

[183] 余妍，刘方. 含相变储热的喷射式热泵系统模拟与优化 [J]. 科学技术与工程，2022，22（11）：4359-4366.

[184] 郭峰. 耦合热泵的某 300MW 供热机组余热利用研究 [D]. 太原理工大学，2020.

[185] 杨海生，张拓，唐广通，等. 蓄热水罐技术对供热机组的调峰性能影响及补偿成本分析 [J]. 汽轮机技术，2020，62（05）：385-388.

[186] 李响，冯征，王恩镇. 350 MW 机组热泵供热系统关键可调参数对系统制热能效影响的试验研究 [J]. 山西电力，2021，No. 230（05）：62-65.

[187] 寇相斌，杨涌文，李琦芬. 火电厂耦合吸收式热泵的供热系统优化 [J]. 汽轮机技术，2020，62（04）：295-299.

[188] 孙健，戈志华，谈政. 吸收式热泵回收湿冷热电厂循环水余热实验研究 [J]. 暖通空调，2017，47（11）：86-89.

[189] 郭宇红. 燃煤电厂碳捕集技术及节能优化研究进展 [J]. 山西电力，2021（06）：46-49.

[190] Lou, Suhua, Lu, Siyu, Wu, et al. Optimizing Spinning Reserve Requirement of Power System

With Carbon Capture Plants [J]. IEEE Transactions on Power Systems：A Publication of the Power Engineering Society, 2015, 30 (2).

[191] Zhang Yu, Zhang Huamin. Latest progress on energy storage for grid system and vanadium flow battery technologies [J]. Advances in New and Renewable Energy, 2013, 1 (1)：106-113.

[192] 罗冬梅. 钒氧化还原液流电池研究 [D]. 东北大学, 2005.

[193] 陈继忠, 来小康, 惠东, 等. 全钒液流电池功率/能量响应能力的测试与分析 [J]. 储能科学与技术, 2014, 3 (05)：486-489.

[194] 韩中合, 王营营, 王继选, 等. 碳捕集系统与燃煤机组热力系统耦合的热经济性分析 [J]. 化工进展, 2014, 33 (06)：1616-1623.

[195] 李明扬, 蒋媛媛. 考虑煤耗率的火电机组灵活调峰对风电消纳的影响效果研究 [J]. 热力发电, 2020, 49 (02)：45-51.

[196] 王淑云, 娄素华, 吴耀武, 等. 计及火电机组深度调峰成本的大规模风电并网鲁棒优化调度 [J]. 电力系统自动化, 2020, 44 (01)：118-125.

[197] 牟春华, 兀鹏越, 孙钢虎, 等. 火电机组与储能系统联合自动发电控制调频技术及应用 [J]. 热力发电, 2018, 47 (05)：29-34.

[198] 牛阳, 张峰, 张辉, 等. 提升火电机组 AGC 性能的混合储能优化控制与容量规划 [J]. 电力系统自动化, 2016, 40 (10)：38-45.

[199] 朱蕾蕾, 周勇. 火电机组储能联合调频系统的参数优化分析 [J]. 电子技术, 2022, 51 (09)：148-150.

[200] 蓝静, 朱继忠, 李盛林, 等. 考虑碳惩罚的电化学储能消纳风光与调峰研究 [J]. 综合智慧能源, 2022, 44 (01)：9-17.

[201] 李林高. 电池储能系统辅助火电机组参与电网调频的控制策略优化 [D]. 导师：王琦. 山西大学, 2020.

[202] 王萍萍, 赵永椿, 张军营 等. 双碳目标下燃煤电厂碳计量方法研究进展 [J]. 洁净煤技术, 2022, 28 (10)：170-183.

[203] 王霖晗. 火电厂碳排放监测体系与核算方法的研究 [D]. 南京信息工程大学, 2020.

[204] 郭振, 王小龙, 任健, 等. 二氧化碳排放连续在线监测过程的模拟与不确定度评定 [J]. 计量学报, 2022, 43 (01)：120-126.

[205] 索新良, 盛金贵, 王鹏辉 等. 燃煤发电机组 CO_2 排放量测算和碳减排分析 [J]. 电站系统工程, 2018, 34 (02)：13-16.

[206] 陈公达, 邹祥波, 卢锐 等. 中外火电企业碳排放统计方法与质量控制现状分析 [J]. 热力发电, 2022, 51 (10)：54-60.

[207] 陈卫斌, 陈蕙予. 构建碳计量技术创新体系以更好服务于国家低碳发展战略的探索与思考 [J]. 中国计量, 2022 (09)：22-27.

[208] 国家市场监管总局等九部门联合印发《建立健全碳达峰碳中和标准计量体系实施方案》[J]. 计量与测试技术, 2022, 49 (12)：95.

[209] 唐扬, 张明婷. 碳排放标准规范的研究现状及发展趋势 [J]. 标准科学, 2022 (12)：73-76＋104.

[210] 聂曦, 王振阳. 温室气体排放活动水平数据与排放因子测定方法 [J]. 质量与认证, 2017 (6)：48-49.

[211] 邱德志, 陈纯, 郭丽, 等. 基于排放因子法的中国主要城市群城镇污水厂温室气体排放特征

[J]. 环境工程，2022，40（06）：116-122.

[212] 李进，于海琴，陈蕊. 燃煤发电厂 CO_2 排放强度计算方法解析与应用 [J]. 环境工程学报，2015，9（07）：3419-3425.

[213] 杨柏，秦广鹏，邬钦. "双碳"目标下中国省域碳排放核算分析 [J/OL]. 环境科学：1-15.

[214] 冯登艳. 国内外碳排放市场建设经验及对河南省的启示 [J]. 征信，2018，36（07）：59-65.

[215] 丁毅宏. 碳交易下多能联合外送调度优化及综合效益评价 [D]. 华北电力大学（北京），2019.

[216] 余晓泓，詹夏颜. 基于收益原则的碳排放转移及中国碳排放责任研究 [J]. 资源科学，2018，40（01）：185-194.

[217] Peng Xu，Tao Xiaoma，Zhang Hao，Chen Jindao，Feng Kuishuang. CO_2 emissions from the electricity sector during China's economic transition：from the production to the consumption perspective [J]. Sustainable Production and Consumption，2021，27.

[218] Qinliang Tan，Yihong Ding，Yimei Zhang. Optimization Model of an Efficient Collaborative Power Dispatching System for Carbon Emissions Trading in China [J]. Energies，2017，10（9）.

[219] 刘仕君. 双碳目标下绿色电价重塑中国钢铁业成本曲线 [J]. 冶金财会，2022，41（04）：8-16.

[220] 赵新宇. 宁夏回族自治区居民阶梯电价政策实施研究 [D]. 宁夏大学，2020.

[221] 王睿淳，孙晓菲，薛松，等. 居民阶梯电价指导意见下的不同定价方案分析 [J]. 水电能源科学，2013，31（01）：215-218.

[222] 杨丽红，刘思强，徐春艳，等. 罗伊适应模式在肝癌病人术后护理中的应用 [J]. 循证护理，2019，5（02）：161-164.

[223] 杨侃，王迪忻. 居民阶梯分时电价政策效果评估及优化设计 [J]. 中国市场，2020（18）：39+188.

[224] 伍亚，李今平，张立. 阶梯电价政策节能效果的差异性分析——基于广东省调查数据的分析 [J]. 价格理论与实践，2015（07）：31-33.

[225] 乔晓楠，王一博. 差别电价的交叉补贴策略对产业结构调整的影响 [J]. 环境经济研究，2018，3（04）：86-109.

[226] 袁玮志，付蔷. 差别电价政策对高耗能企业退出行为的影响分析 [J]. 长沙理工大学学报（社会科学版），2020，35（04）：111-118.

[227] 黄晓松. 生态视角下海南省电力价格管理机制研究 [D]. 海南大学，2018.

[228] 翟树军，胡本哲，袁海洲. 环保绿色电价政策研究 [J]. 价格月刊，2019（01）：27-31.

[229] 初保驹，朱少林. 新电改背景下阶梯分时电价模型优化研究 [J]. 价格理论与实践，2020（02）：43-46+174.

[230] 刘浩田，陈锦，朱熹，等. 一种基于价格弹性矩阵的居民峰谷分时电价激励策略 [J]. 电力系统保护与控制，2021，49（05）：116-123.

[231] 黄剑平，陈皓勇，林镇佳，等. 需求侧响应背景下分时电价研究与实践综述 [J]. 电力系统保护与控制，2021，49（09）：178-187.

[232] 朱伟业，罗毅，胡博，等. 热负荷弹性与分时电价需求侧响应协同促进碳减排的电热优化调度 [J]. 电网技术，2021，45（10）：3803-3813.

[233] 戴慧. 新能源发电价格补贴政策回顾与完善激励机制的建议 [J]. 价格理论与实践，2022（03）：22-25.

[234] 王风云. 可再生能源定价机制研究评述 [J]. 价格理论与实践，2017（08）：52-55.

[235] 丁毅宏. 碳交易下多能联合外送调度优化及综合效益评价 [D]. 华北电力大学（北京），2019.

[236] 李谊. 碳排放权交易定价影响因素的实证研究 [J]. 价格理论与实践，2020（06）：146-149.

[237] 沈洪涛，黄楠，刘浪. 碳排放权交易的微观效果及机制研究 [J]. 厦门大学学报（哲学社会科学版），2017（01）：13-22.

[238] 江苏拟推更严差别化电价最高加价 0.5 元/(kW·h) [J]. 区域治理，2019（37）：2-5.

[239] 胡艺. 湖北阶段性降低电价惠企效应明显 [N]. 中国信息报，2020-10-15（005）.

[240] 初保驹，朱少林. 新电改背景下阶梯分时电价模型优化研究 [J]. 价格理论与实践，2020（02）：43-46＋174.

[241] 国家统计局. 中国统计年鉴（2019）[M] 北京：中国统计出版社，2019.

[242] 中国政府网. 国家能源局举行新闻发布会发布 2021 年可再生能源并网运行情况等并答问 [EB/OL]. (2022-01-29) http：//www. gov. cn/xinwen/2022/01/29/content_5671076. htm.

[243] 国家统计局. 中国统计年鉴（2021）[R/OL]. http：//www. stats. gov. cn/tjsj/ndsj/2021/index-ch. htm.

[244] 张晶杰，王志轩，赵毅. 环保电价政策改革优化研究——基于燃煤发电企业环保治理成本的分析 [J]. 价格理论与实践，2017（03）：57-60.

[245] 阿永嘎. 内蒙古燃煤发电机组环保电价核定系统研究 [J]. 环境科学与管理，2017，42（09）：158-161.

[246] Xin-gang Zhao，Yi Zuo，Hui Wang，Zhen Wang. How can the cost and effectiveness of renewable portfolio standards be coordinated? Incentive mechanism design from the coevolution perspective [J]. Renewable and Sustainable Energy Reviews，2022，158.

[247] 王风云，文心攸，李啸虎. 电价补贴对可再生能源发电的动态影响研究 [J]. 价格理论与实践，2019（04）：54-58.

[248] Marcella Nicolini，Massimo Tavoni. Are renewable energy subsidies effective? Evidence from Europe [J]. Renewable and Sustainable Energy Reviews，2017，74.

[249] 刘海波. 中国建筑碳排放权交易减排效应的影响机理研究 [D]. 中国矿业大学，2021.

[250] 覃涛. H 燃煤发电公司基于碳排放权交易的应对策略研究 [D]. 浙江工业大学，2017.

[251] 殷悦. 浙江省排污权交易现状及减排效果分析研究 [D]. 浙江工商大学，2021.

[252] 胡波.《燃煤发电机组环保电价及环保设施运行监管办法》实施过程中的问题研究 [J]. 中国价格监管与反垄断，2022（04）：46-47.

[253] 内蒙古自治区能源局. 关于 2022 年燃煤自备电厂可再生能源替代工程项目申报的通知. [N] 内蒙古自治区能源局. 2022-7-28.

[254] 周大正. 看，温州新能源产业拔节生长 [N]. 温州日报，2022-11-24（002）.

[255] 伍芷莹. 向高而攀向远而行 [N]. 珠海特区报，2023-01-04（005）.

[256] 关于完整准确全面贯彻新发展理念做好碳达峰碳中和工作的实施意见 [N]. 陕西日报，2022-08-25（003）.

[257] 李薇. 大武口区推动排污权交易取得新突破 [N]. 石嘴山日报，2022-12-06（006）.

[258] 胡达天. 基于国土空间规划的碳排放计算框架研究 [J]. 武汉职业技术学院学报，2022，21（05）：115-120.

[259] 侯智华. 不同类型建筑中多能互补系统的设计与运行优化研究 [D]. 华北电力大学（北京），2022.

[260] 王亚圣. 天津市居民阶梯电价政策运行效果与改进策略研究 [D]. 天津财经大学，2021.

［261］天津市统计局 国家统计局天津调查总队 . 2013 年天津市国民经济和社会发展统计公报［N］. 天津日报，2014-03-29（004）.

［262］天津市统计局 国家统计局天津调查总队 . 2015 年天津市国民经济和社会发展统计公报［N］. 天津日报，2016-03-02（006）.

［263］天津市统计局 国家统计局天津调查总队 . 2016 年天津市国民经济和社会发展统计公报［N］. 天津日报，2017-03-14（006）.

［264］天津市统计局 国家统计局天津调查总队 . 2017 年天津市国民经济和社会发展统计公报［N］. 天津日报，2018-03-12.

［265］天津市统计局 国家统计局天津调查总队 . 2018 年天津市国民经济和社会发展统计公报［N］. 天津日报，2019-03-11.

［266］天津市统计局 国家统计局天津调查总队 . 2019 年天津市国民经济和社会发展统计公报［N］. 天津日报，2020-04-26.

［267］天津市统计局 国家统计局天津调查总队 . 2020 年天津市国民经济和社会发展统计公报［N］. 天津日报，2021-03-15.